高等职业院校前沿技术专业特色教材

传感器技术应用

张仁朝 刘国成 邓健峰 张茂贵 康利梅 编著

清华大学出版社
北京

内 容 简 介

本书主要内容包括传感器开发平台搭建、传感器基本装置的设计与制作、传感器显示装置的设计与制作、环境传感器装置的设计与制作、无线传感器装置的设计与制作、生物传感器装置的设计与制作、遥控传感器装置的设计与制作7个项目，涵盖了传感器技术应用的常用开发技术，可以满足学习者学习传感器技术应用嵌入式开发的需求。

本书适合作为大中专院校应用电子技术、人工智能技术应用、电子自动化技术、机电一体化技术、计算机应用技术等专业的教材。

本书封面贴有清华大学出版社防伪标签，无标签者不得销售。
版权所有，侵权必究。举报：010-62782989，beiqinquan@tup.tsinghua.edu.cn。

图书在版编目（CIP）数据

传感器技术应用 / 张仁朝等编著. -- 北京 : 清华大学出版社, 2024.9. -- (高等职业院校前沿技术专业特色教材). -- ISBN 978-7-302-67141-1

Ⅰ. TP212

中国国家版本馆 CIP 数据核字第 20242LT080 号

责任编辑：王剑乔
封面设计：刘 键
责任校对：袁 芳
责任印制：宋 林

出版发行：清华大学出版社
网　　址：https://www.tup.com.cn, https://www.wqxuetang.com
地　　址：北京清华大学学研大厦A座　　邮　编：100084
社 总 机：010-83470000　　邮　购：010-62786544
投稿与读者服务：010-62776969, c-service@tup.tsinghua.edu.cn
质量反馈：010-62772015, zhiliang@tup.tsinghua.edu.cn
课件下载：https://www.tup.com.cn, 010-83470410

印 装 者：三河市人民印务有限公司
经　　销：全国新华书店
开　　本：185mm×260mm　　印　张：15.25　　字　数：364千字
版　　次：2024年9月第1版　　　　　　　　　印　次：2024年9月第1次印刷
定　　价：56.00元

产品编号：105335-01

前 言

统筹职业教育、高等教育、继续教育协同创新,既是新时代我国人力资源深度开发的必由之路,也是新时代协调推进教育强国的重要途径。为统筹职业教育、高等教育、继续教育协同创新,推进职普融通、产教融合、科教融汇,优化职业教育类型定位,本书针对高职高专院校协同创新、产教融合的教学需要,基于校企合作双元开发、工作手册式、活页式、"教、学、做一体"的理念,采用"项目导向、任务驱动"架构,设计并开发本书内容,并配套有相应的信息化课件及教学资源。在考虑学习者知识发展和技能需求的基础上,本书打破了以讲授知识为主线的传统教学方式和学习方法,把知识点、技能点、经验点融合在一起,嵌入项目教学中。在项目中,以项目任务方式在课堂上引导学生完成技能和知识的学习,同时讲解相关必要的知识要点,通过设置技能训练任务让学生积累项目开发经验,最后以总结形式介绍项目开发的方法和技巧。每个项目的设计和每个任务的编排都力求由易到难、由小到大、螺旋式逐渐推进。本书的内容基本涵盖了传感器技术应用的常用开发技术,为后续课程的学习奠定了基础。通过完成书中的项目和任务,学习者可以达到传感器技术应用项目开发的基本技能和知识要求,满足传感器技术应用嵌入式开发的需求。

本书的体系结构是项目任务式,根据实际工作中传感器技术应用项目开发的常见技术要求,组织了7个循序渐进的项目。项目内容涉及传感器开发平台搭建、传感器基本装置的设计与制作、传感器显示装置的设计与制作、环境传感器装置的设计与制作、无线传感器装置的设计与制作、生物传感器装置的设计与制作、遥控传感器装置的设计与制作,涵盖了传感器技术应用的开发技术和实践技能。通过完成书中的项目任务,可达到传感器技术应用开发工程师的基本技能、知识和经验要求。本书依照传感器技术应用开发工程师的典型工作过程实施"教、学、做一体"的教学思路,通过工作任务实施和任务拓展,将自动识别技术应用开发技术中的"知识点、技能点、经验点"有机结合在一起。通过教,记住知识点;通过学,掌握技能点;通过做,获得经验点。在每个项目学习时,建议读者先对任务有个了解,然后通过任务实施掌握相应知识点和技能点,并通过技能实战训练进一步提升技能和获取经验。

本书参考学时为64学时,其中建议教师讲授32学时,学生实训32学时,理论和实践比例为1∶1,学时分配参见下表。

项目	课程内容	学时分配	
		讲授	实训
项目1	传感器开发平台搭建	4	4
项目2	传感器基本装置的设计与制作	8	8
项目3	传感器显示装置的设计与制作	4	4
项目4	环境传感器装置的设计与制作	6	6
项目5	无线传感器装置的设计与制作	6	6
项目6	生物传感器装置的设计与制作	2	2
项目7	遥控传感器装置的设计与制作	2	2
课时小计		32	32
总课时合计		64	

  本书由广州铁路职业技术学院张仁朝、刘国成、邓健峰、张茂贵、康利梅与荔峰科技(广州)有限公司、广州粤嵌科技股份有限公司、广州飞瑞敖电子科技有限公司等企业合作开发，由张仁朝、刘国成、邓健峰、张茂贵、康利梅编著。其中，项目1、项目3、项目4由张仁朝撰写；项目2、项目5、项目6由刘国成撰写；项目7由邓健峰、张茂贵、康利梅撰写。

  由于编者水平有限，书中可能存在不妥之处，敬请读者批评、指正。

编　者

2024年6月

目 录

项目1 传感器开发平台搭建 ······ 1

 任务 1-1   开发平台搭建 ······ 2
 任务 1-2   开发平台使用 ······ 11
 任务 1-3   开发环境测试 ······ 17
 任务 1-4   硬件电路设计 ······ 22
 项目小结 ······ 30
 项目评价 ······ 30
 实训与讨论 ······ 31

项目 2 传感器基本装置的设计与制作 ······ 32

 任务 2-1   指示灯控装置的设计与制作 ······ 33
 任务 2-2   光线传感装置的设计与制作 ······ 37
 任务 2-3   鸣响报警装置的设计与制作 ······ 42
 任务 2-4   角度传感装置的设计与制作 ······ 47
 任务 2-5   自动控制装置的设计与制作 ······ 52
 任务 2-6   步进电机装置的设计与制作 ······ 57
 任务 2-7   舵机控制装置的设计与制作 ······ 63
 任务 2-8   PS2 摇杆装置的设计与制作 ······ 67
 项目小结 ······ 71
 项目评价 ······ 72
 实训与讨论 ······ 72

项目 3 传感器显示装置的设计与制作 ······ 73

 任务 3-1   挡位显示装置的设计与制作 ······ 74
 任务 3-2   数字显示装置的设计与制作 ······ 82
 任务 3-3   点阵图文显示装置的设计与制作 ······ 88
 任务 3-4   液晶屏显示装置的设计与制作 ······ 95

任务 3-5　OLED 屏显示装置的设计与制作 …………………………………… 102
　　项目小结 …………………………………………………………………………… 108
　　项目评价 …………………………………………………………………………… 108
　　实训与讨论 ………………………………………………………………………… 109

项目 4　环境传感器装置的设计与制作 …………………………………………… 110

　　任务 4-1　温度识别装置的设计与制作 ………………………………………… 111
　　任务 4-2　温湿度识别装置的设计与制作 ……………………………………… 115
　　任务 4-3　火焰识别装置的设计与制作 ………………………………………… 120
　　任务 4-4　水位识别装置的设计与制作 ………………………………………… 124
　　任务 4-5　雨量识别装置的设计与制作 ………………………………………… 129
　　任务 4-6　土质识别装置的设计与制作 ………………………………………… 135
　　任务 4-7　气压识别装置的设计与制作 ………………………………………… 142
　　任务 4-8　气体识别装置的设计与制作 ………………………………………… 147
　　任务 4-9　粉尘识别装置的设计与制作 ………………………………………… 152
　　项目小结 …………………………………………………………………………… 158
　　项目评价 …………………………………………………………………………… 158
　　实训与讨论 ………………………………………………………………………… 159

项目 5　无线传感器装置的设计与制作 …………………………………………… 160

　　任务 5-1　声音识别装置的设计与制作 ………………………………………… 161
　　任务 5-2　激光识别装置的设计与制作 ………………………………………… 165
　　任务 5-3　超声波识别装置的设计与制作 ……………………………………… 171
　　任务 5-4　红外识别装置的设计与制作 ………………………………………… 176
　　任务 5-5　RFID 识别装置的设计与制作 ……………………………………… 184
　　任务 5-6　NFC 识别装置的设计与制作 ………………………………………… 191
　　项目小结 …………………………………………………………………………… 197
　　项目评价 …………………………………………………………………………… 197
　　实训与讨论 ………………………………………………………………………… 198

项目 6　生物传感器装置的设计与制作 …………………………………………… 199

　　任务 6-1　体感识别装置的设计与制作 ………………………………………… 200
　　任务 6-2　颜色识别装置的设计与制作 ………………………………………… 206
　　任务 6-3　手势识别装置的设计与制作 ………………………………………… 213
　　项目小结 …………………………………………………………………………… 219
　　项目评价 …………………………………………………………………………… 219
　　实训与讨论 ………………………………………………………………………… 220

项目 7　遥控传感器装置的设计与制作 ·· 221

　　任务 7-1　红外遥控装置的设计与制作 ·· 222
　　任务 7-2　蓝牙遥控装置的设计与制作 ·· 226
　　项目小结 ··· 231
　　项目评价 ··· 231
　　实训与讨论 ··· 232

参考文献 ··· 233

项目 1

传感器开发平台搭建

知识目标

- 认识 Arduino 开发环境。
- 了解 Arduino 编程技术。
- 掌握 Arduino 开发环境的搭建、测试与电路设计。

技能目标

- 懂 Arduino 软件的安装与配置。
- 会创建和运行 Arduino 项目。
- 能独立搭建 Arduino 项目开发环境。

素质目标

- 具备项目开发安全意识和信息素养。
- 具有不怕困难、勇于奋斗的精神。
- 养成良好的项目开发行为习惯。

工作任务

- 任务 1-1　开发平台搭建。
- 任务 1-2　开发平台使用。
- 任务 1-3　开发环境测试。
- 任务 1-4　硬件电路设计。

任务 1-1　开发平台搭建

1. 工作任务

【任务目标】

完成一个 Arduino 编程开发平台的搭建(图 1-1)。

图 1-1　Arduino 程序开发环境

【任务描述】

Arduino 开发平台搭建包括硬件安装和软件安装两部分。其中,硬件安装需要计算机、Arduino 开发板和 USB 数据线。软件安装需要安装 Arduino IDE 软件和安装 Arduino 开发板驱动程序。

【任务分析】

Arduino 开发平台的硬件安装非常简单,只需要将 Arduino 开发板与计算机(PC 或笔记本电脑)通过 USB 数据线连接好即可。其中,USB 数据线使用 A 型公口转 B 型公口,USB 数据线的 B 型公口连接 Arduino 开发板(如 Arduino Uno),A 型公口连接计算机的 USB 接口。

Arduino 开发平台的软件安装需要到 Arduino 官网(www.arduino.cc)下载 Arduino IDE 安装软件,然后进行安装,最后在 Arduino IDE 中安装并配置好 Arduino 开发板驱动程序。

2. 任务资料

2.1　认识 Arduino 技术

Arduino 是源自意大利的一个开源软硬件平台,该平台包括一块具备简单 I/O 功能的电路板以及一套程序开发环境软件(图 1-2)。应用它可以制作许多嵌入式装置和设备,例如 3D 打印机、电子显微镜、四轴飞行器、气象监测装置等。

2.2　认识 Arduino Uno 开发板

Arduino Uno 开发板是 Arduino 技术家族中一款用于开发学习的开发板(图 1-3)。它是一款基于 ATmega328P 的微控制器板,有 14 个数字输入/输出(I/O)端口(其中 6 个可用作 PWM 输出)、6 个模拟输入/输出端口、16MHz 晶振时钟、USB 接口(A 型母口)、电源插

项目1 传感器开发平台搭建

图 1-2　Arduino 开源软硬件平台

孔、ICSP 下载端口和复位按钮。通过 USB 数据线连接计算机就可以实现供电、程序更新下载和数据通信。

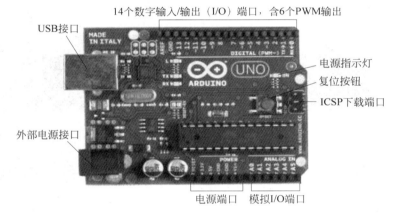

图 1-3　Arduino Uno 开发板

2.3　认识 Arduino USB 数据线

Arduino USB 数据线用于 Arduino 开发板与计算机设备的连接和通信，也可以用于 Arduino 开发板的供电和与外部的连接，使用的是 A 型公口转 B 型公口的连接方式，如图 1-4 所示。

Arduino USB 数据线的接口如图 1-5 所示。

图 1-4　Arduino USB 数据线　　　图 1-5　Arduino USB 数据线的接口类型

2.4 认识 Arduino IDE 软件

Arduino IDE 是一款用于 Arduino 开发板编程的开源软件,如图 1-6 所示。它可以完成 Arduino 开发板程序的编写、调试、编译和上传,从而实现 Arduino 开发板各种控制功能的开发。

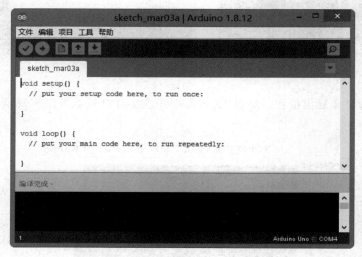

图 1-6 Arduino IDE 软件

3. 工作实施

3.1 材料准备

Arduino 开发平台搭建需要准备好 Arduino Uno 开发板、计算机、USB 数据线等硬件设备和材料,如表 1-1 所示。

表 1-1 Arduino 开发环境搭建硬件清单

序号	元器件名称	规　　格	数量
1	计算机	PC 或笔记本电脑	1 台
2	开发板	Arduino Uno	1 个
3	数据线	USB	1 条

3.2 安全事项

(1) 作业前请检查是否穿戴好防护装备(护目镜、防静电手套等)。

(2) 检查电源及设备材料是否齐备、安全可靠。

(3) 作业时要注意摆放好设备材料,避免伤人或造成设备材料损伤。

3.3 任务实施

1. 下载 Arduino IDE 软件

在浏览器地址栏中输入 Arduino 官网网址 https://www.arduino.cc,在 Arduino 官网首页中选择 SOFTWARE 菜单项,进入 Arduino IDE 软件下载页面,如图 1-7 所示。单击

"Windows 免安装 ZIP 包",下载 Arduino IDE 免安装 ZIP 包。

图 1-7　下载 Arduino IDE 免安装 ZIP 包

2. 安装及设置 Arduino IDE 编程环境

（1）双击下载后的 Arduino IDE 免安装 ZIP 包（这里下载的是 arduino-1.7.10 免安装 ZIP 包，使用 WinRAR 软件进行解压），将 Arduino IDE 免安装 ZIP 包解压到本地磁盘（C:），如图 1-8 所示。

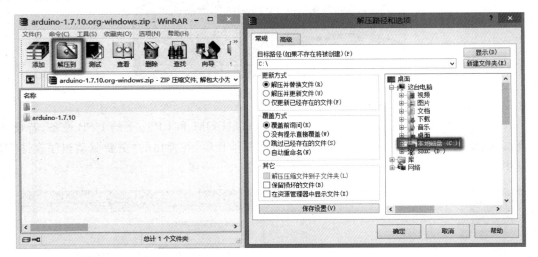

图 1-8　解压 Arduino IDE 免安装 ZIP 包

（2）解压完成后，打开文件目录"C:\arduino-1.7.10\"，可以看见如图 1-9 所示目录。

3. 配置 Arduino 驱动程序

（1）用配备的 USB 数据线将 Arduino Uno 开发板和计算机的 USB 接口连接起来，如图 1-10 所示。

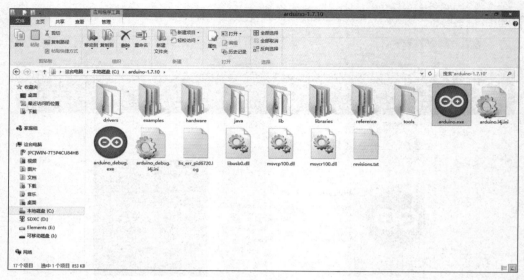

图 1-9 解压完成后的 Arduino 目录

图 1-10 Arduino Uno 开发板和计算机的连接

（2）打开设备管理器，如图 1-11 所示，右击端口（COM 和 LPT）下的 USB 设备（若设备出现红叉，则表示没有安装驱动程序），选择更新驱动程序，在弹出的"更新驱动程序软件"对话框中选择"浏览计算机以查找驱动程序软件"，进入下一步。

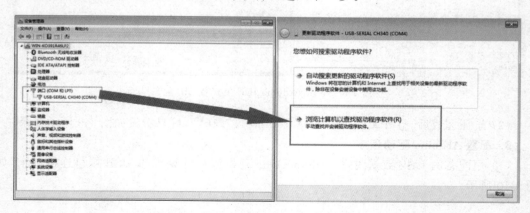

图 1-11 安装 Arduino Uno 开发板驱动程序

(3) 将查找驱动程序的位置指定到 arduino 安装目录下的驱动目录下,例如"C:\arduino-1.7.10\drivers",如图 1-12 所示。单击"下一步"按钮,等待计算机自动搜索并安装驱动。

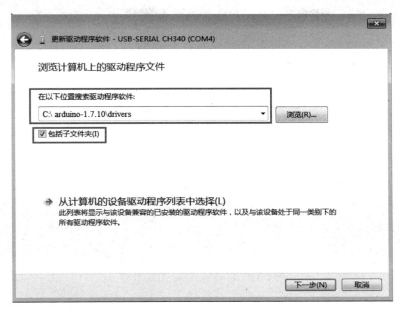

图 1-12　指定搜索驱动程序软件的目录

(4) 驱动安装正确之后在设备管理器中会显示如图 1-13 所示内容,单击"关闭"按钮完成驱动程序软件的安装。

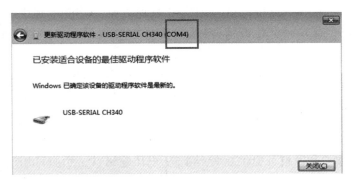

图 1-13　驱动程序软件安装成功

(5) 运行 Arduino IDE 软件。打开解压后的 Arduino IDE 的目录,双击"arduino.exe",启动 Arduino IDE 软件(图 1-14)。

4. 技术知识

4.1　Arduino 技术

对于普通人来说,传统的集成电路应用比较烦琐,一般需要具有一定电子知识基础,并懂得如何进行相关程序设计的工程师才能熟练使用。但是 Arduino 的出现让曾经只有专业

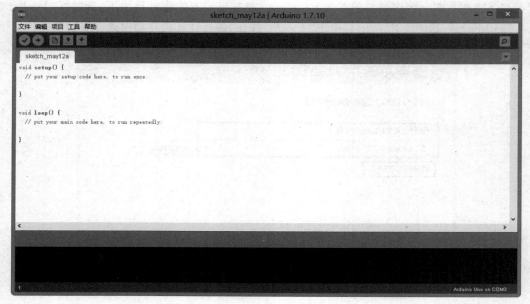

图 1-14 启动 Arduino IDE 软件

人士才能使用的集成电路变为"平易近人"的电子设计工具,即使没有程序设计基础,也可以通过简单的学习掌握使用 Arduino 的方法。为了实现这一目标,Arduino 从两方面进行了努力与改进。首先,在硬件方面,Arduino 本身是一款非常容易使用的印制电路板。电路板上装有专用集成电路,并将集成电路的功能引脚引出,方便用户外接使用。同时,电路板还设计有 USB 接口,方便与计算机连接。其次,在软件方面,Arduino 提供了专门的程序开发环境 Arduino IDE。其界面设计简洁,对于没有接触过程序设计的爱好者们也可以轻松上手。

Arduino 是一款不错的电子设计工具,它简单易用、开源、资料丰富,它不仅给专业人士提供了电子开发的便捷途径,更是普通人实现自己创意设计的开发平台。

4.2 Arduino Uno 开发板介绍

Arduino Uno 开发板及其主要引脚如图 1-15 所示。

- Power 引脚:开发板可提供 3.3V 和 5V 电压输出,V_{in} 引脚可用于从外部电源为开发板供电。
- Analog In 引脚:模拟输入引脚,开发板可读取外部模拟信号,A0~A5 为模拟输入引脚。
- Digital 引脚:ArduinoUno R3 拥有 14 个数字 I/O 引脚,其中 6 个可用于 PWM(脉宽调制)输出。数字引脚用于读取逻辑值(0 或 1),或者作为数字输出引脚来驱动外部模块。标有"~"的引脚可产生 PWM。
- TX 和 RX 引脚:标有 TX(发送)和 RX(接收)的两个引脚用于串口通信。其中,标有 TX 和 RX 的 LED 灯连接相应引脚,在串口通信时会以不同速度闪烁。
- 13 引脚:开发板标记第 13 引脚,连接板载 LED 灯,可通过控制 13 引脚来控制 LED 灯的亮灭。一般拿到开发板上电板载灯都会闪烁,可辅助检测开发板是否正常。

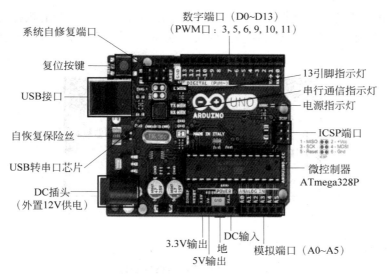

图 1-15　Arduino Uno 开发板及其主要引脚

4.3　Arduino IDE 编程软件介绍

Arduino IDE 是一款用于 Arduino 开发板的编程开发工具。在开发 Arduino 项目时，一般都会使用 Arduino IDE。它支持目前所有主流的 Arduino 开发板，并且它有一个内置的库管理器，非常方便也容易使用。此外，Arduino IDE 非常人性化，没有太多选项，用户不必担心它是如何工作的，只要关注开发过程即可。而编写 Arduino 代码，Arduino IDE 编译它，并将编译后的代码上传到 Arduino 开发板中。Arduino IDE 编程软件的主界面如图 1-16 所示，可以分为菜单栏、工具栏、代码编辑区、调试提示区等部分，其中工具栏中还有一个串口监视器，用于监视串口数据的传输。

图 1-16　Arduino IDE 编程软件的主界面

Arduino IDE 工具栏设置了 5 个常用的工具按钮,提供了快捷便利的执行功能,如图 1-17 所示。按照从左到右的顺序,按钮的功能依次是编译、上传、新建程序、打开程序、保存程序、串口监视器。

图 1-17　Arduino IDE 主界面工具栏

各个工具按钮的功能如表 1-2 所示。

表 1-2　各个工具按钮的功能

按钮名称	功　　能
编译	验证程序是否编写有错误,如果没有错误,则编译该项目
上传	将程序上传到 Arduino 控制器上,就是所谓的烧录
新建程序	新建一个项目,新建项目会打开一个新的 IDE 窗口
打开程序	打开一个项目
保存程序	保存当前 IDE 的项目
串口监视器	IDE 自带的一个串口监视程序,可以查看发送或接收的数据

5. 拓展任务

根据上述操作方式,在自己的计算机上完成 Arduino IDE 编程软件的安装和驱动配置(图 1-1)。

6. 工作评价

6.1　考核评价

项目	考核内容		考核评分		
	内　　容	配分	得分	批注
工作准备(30%)	能够正确理解工作任务 1-1 的内容、范围及工作指令	10		
	能够查阅和理解技术手册,确认 Arduino Uno 开发板技术标准及要求	5		
	使用个人防护用品或衣着适当,能正确使用防护用品	5		
	准备工作场地及器材,能够识别工作场地的安全隐患	5		
	确认设备及工具、量具,检查其是否安全及能否正常工作	5		

续表

项目	考核内容		考核评分		
	内 容		配分	得分	批注
实施程序（50%）	正确辨识工作任务所需的 Arduino Uno 开发板		10		
	正确检查 Arduino Uno 开发板有无损坏或异常		10		
	正确选择 USB 数据线		10		
	正确选用工具进行规范操作，完成装置安装、调试和维护		10		
	安全无事故并在规定时间内完成任务		10		
完工清理（20%）	收集和储存可以再利用的原材料、余料		5		
	按照维护工作程序，清洁垃圾、清洁和整理工作区域		5		
	对工具、设备及开发板进行清洁		5		
	按照工作程序，填写完成作业单		5		
考核评语	考核人员： 日期： 年 月 日		考核成绩		

6.2 导师评价

评价项目	评价内容	评价成绩	备注
工作准备	任务领会、资讯查询、器材准备	□A □B □C □D □E	
知识储备	系统认知、原理分析、技术参数	□A □B □C □D □E	
计划决策	任务分析、任务流程、实施方案	□A □B □C □D □E	
任务实施	专业能力、沟通能力、实施结果	□A □B □C □D □E	
职业道德	纪律素养、安全卫生、器材维护	□A □B □C □D □E	
其他评价			
教师签字：		日期： 年 月 日	

注：在选项"□"里打"√"，其中 A：90～100 分；B：80～89 分；C：70～79 分；D：60～69 分；E：不合格。

任务 1-2　开发平台使用

1. 工作任务

【任务目标】

使用 Arduino IDE 软件编写一个 Arduino 项目程序，实现 Arduino Uno 和计算机之间的串口通信。

【任务描述】

了解 Arduino IDE 软件的编程环境，掌握 Arduino IDE 软件的使用方法。在 Arduino IDE 中创建 Arduino 程序项目，并设计与编写 Arduino 程序实现串口通信。

【任务分析】

在 Arduino IDE 中，对 Arduino 程序进行设计和编写，首先需要创建一个 Arduino 程序项目,然后在代码编辑区中进行程序代码的编写。本次任务将使用 Arduino 程序中 Serial 相关函数实现串口通信,并讲解如何创建 Arduino 程序项目和编写 Arduino 程序代码。

2. 任务资料

2.1 认识 Arduino 的程序架构

Arduino 程序可以分为三个主要部分:结构、值(变量和常量)和函数。结构包括两个主要函数:setup()函数和 loop()函数。

Arduino 开发板通电或者复位后,首先会调用 setup()函数,使用它来初始化变量、引脚模式、启用库等。setup()函数只在 Arduino 开发板的每次上电或复位后运行一次。执行完 setup()函数后,就开始执行 loop()函数。loop()函数允许函数内程序连续循环地执行,它被用于实现 Arduino 开发板的功能控制。

2.2 认识 Arduino 串口函数类 Serial

串口是 Arduino 与其他设备进行通信的接口。Arduino 串口通信采用 USART,由波特率发生器、接收单元、发送单元三部分组成,并使用 Serial 实现和控制串口通信。

Serial 提供了以下函数用于串口通信。

```
Serial.begin();         //开启串行通信接口并设置通信波特率
Serial.end();           //关闭通信串口
Serial.available();     //判断串口缓冲器是否有数据装入
Serial.read();          //读取串口数据
Serial.peek();          //返回下一字节(字符)输入数据,但不删除它
Serial.flush();         //清空串口缓存
Serial.print();         //写入字符串数据到串口
Serial.println();       //写入字符串数据 + 换行到串口
Serial.write();         //写入二进制数据到串口
```

3. 工作实施

3.1 材料准备

Arduino 开发编程需要准备好 Arduino Uno 开发板、计算机、USB 数据线等硬件设备和材料,如表 1-3 所示。

表 1-3 Arduino 开发平台使用硬件清单

序号	元器件名称	规 格	数量
1	计算机	PC 或笔记本电脑	1 台
2	开发板	Arduino Uno	1 个
3	数据线	USB	1 条

3.2 安全事项

(1) 作业前请检查是否穿戴好防护装备(护目镜、防静电手套等)。
(2) 检查电源及设备材料是否齐备、安全可靠。

(3) 作业时要注意摆放好设备材料,避免伤人或造成设备材料损伤。

3.3 任务实施

1. 创建 Arduino 程序

选择菜单栏中的"文件"→"新建"命令,新建一个 Arduino 程序(图 1-18)。

2. 编写 Arduino 程序

在新建的 Arduino 程序中输入如图 1-19 所示的代码。

图 1-18 新建 Arduino 程序

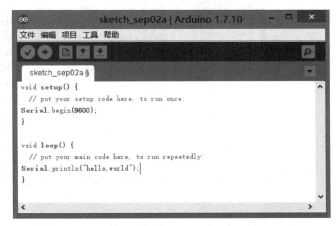

图 1-19 编写 Arduino 程序

3. 编译 Arduino 程序

单击编译按钮进行程序编译(待编译无误后,才能上传程序)。程序编译正确后的效果如图 1-20 所示。

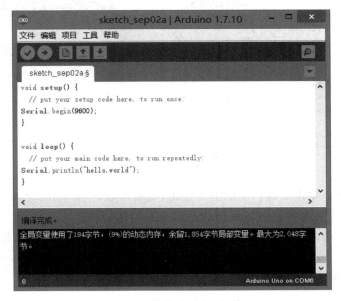

图 1-20 编译 Arduino 程序

4. 上传 Arduino 程序

(1) 硬件连接。将 Arduino 开发板和计算机 USB 端口通过 USB 方口数据线相连(图 1-10)。

(2) 选择开发板类型。选择菜单栏中的"工具"→"板"→Arduino Uno,选择对应的 Arduino 型号开发板(图 1-21)。

图 1-21　选择 Arduino Uno 开发板

(3) 选择下载端口。选择菜单栏中的"工具"→"端口",选择对应的下载 COM 端口(如 COM3、COM4、COM5……),如图 1-22 所示。

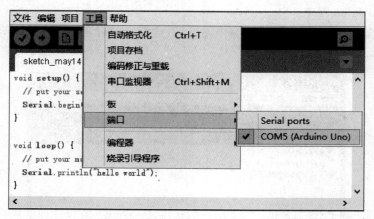

图 1-22　选择下载端口

(4) 上传程序。单击工具栏中的上传按钮,将编译后的 Arduino 程序上传至开发板,如图 1-23 所示。上传成功后,Arduino 开发板即会自动运行程序。

(5) 查看运行结果。单击工具栏中的"串口监视器"按钮,弹出串口监视器窗口。通过监视窗口,查看"hello,world"打印显示到计算机屏幕的效果。可以看到,程序的运行结果显示如图 1-24 所示。

项目1　传感器开发平台搭建

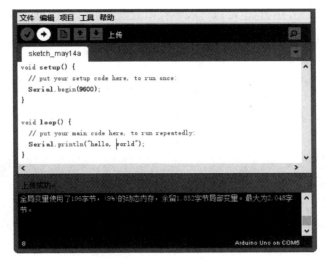

图 1-23　上传 Arduino 程序

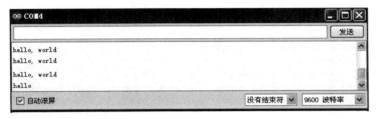

图 1-24　查看程序运行结果

4. 技术知识

4.1　setup()和 loop()函数

Arduino 控制器通电或者复位后,即开始执行 setup()函数中的程序,该程序只会执行一次。通常在 setup()函数中完成对 Arduino 的初始化设置,如配置 I/O 状态和初始化串口操作等。

setup()函数执行完后,Arduino 会接着执行 loop()中程序。loop()函数是一个死循环,其中的程序会不断地重复运行。通常在 loop()函数中完成程序的主要功能,如驱动各种模块和采集数据等。

4.2　Serial.begin()

在 Arduino 开发板中,Serial 类用于对串口数据流的读/写。其中,Serial.begin()方法用于开启串行通信接口并设置通信波特率。例如:

```
Serial.begin(9600);
```

如果要关闭通信串口,可以使用 Serial.end()方法。

4.3　Serial.println()

Serial.println()方法的作用是将字符串数据写入到串口,同时具有换行的功能。此外,还

可以使用 Serial.print()方法,它也可以写入字符串数据到串口,但没有换行的功能。例如:

Serial.println("Welcome to Arduino World!");

5. 拓展任务

在 Arduino IDE 中动手编写并完成以下代码(图 1-25),连上 Arduino Uno 开发板,运行程序查看结果。

```
task_1_2
int incomedate = 0;
void setup() {
  Serial.begin(9600);
  Serial.println(78,BIN);         Serial.println(78,OCT);
  Serial.println(78,DEC);         Serial.println(78,HEX);
  Serial.println(1.23456,0);      Serial.println(1.23456,2);
  Serial.println(1.23456,4);      Serial.println('N');
  Serial.println("Welcome to Arduino UNO!");
}
void loop() {
  if(Serial.available()>0){
    incomedate = Serial.read();
    if(incomedate == 'H'){
      Serial.println("Good Job!");
    }
  }
  delay(1000);
}
```

图 1-25 任务 1-2 拓展任务

6. 工作评价

6.1 考核评价

项目	考核内容		考核评分		
	内容		配分	得分	批注
工作准备(30%)	能够正确理解工作任务 1-2 的内容、范围及工作指令		10		
	能够查阅和理解技术手册,确认 Arduino 编程技术标准及要求		5		
	使用个人防护用品或衣着适当,能正确使用防护用品		5		
	准备工作场地及器材,能够识别工作场地的安全隐患		5		
	确认设备及工具、量具,检查其是否安全及能否正常工作		5		
实施程序(50%)	正确辨识工作任务所需的 Arduino Uno 开发板、Arduino IDE 软件		10		
	正确检查 Arduino Uno 开发板有无损坏或异常		10		
	正确选择 USB 数据线		10		
	正确选用工具进行规范操作,完成装置安装、调试和维护		10		
	安全无事故并在规定时间内完成任务		10		

续表

项目	考核内容		考核评分		
	内容		配分	得分	批注
完工清理（20%）	收集和储存可以再利用的原材料、余料		5		
	按照维护工作程序，清洁垃圾、清洁和整理工作区域		5		
	对工具、设备及开发板进行清洁		5		
	按照工作程序，填写完成作业单		5		
考核评语	考核人员： 日期： 年 月 日		考核成绩		

6.2 导师评价

评价项目	评价内容	评价成绩	备注
工作准备	任务领会、资讯查询、器材准备	□A □B □C □D □E	
知识储备	系统认知、原理分析、技术参数	□A □B □C □D □E	
计划决策	任务分析、任务流程、实施方案	□A □B □C □D □E	
任务实施	专业能力、沟通能力、实施结果	□A □B □C □D □E	
职业道德	纪律素养、安全卫生、器材维护	□A □B □C □D □E	
其他评价			
教师签字：		日期： 年 月 日	

注：在选项"□"里打"√"，其中 A：90～100 分；B：80～89 分；C：70～79 分；D：60～69 分；E：不合格。

任务 1-3　开发环境测试

1. 工作任务

【任务目标】

编程实现对 Arduino Uno 开发板上 LED 指示灯的闪烁控制。

【任务描述】

Arduino 开发环境搭建包含硬件环境组建和软件环境安装与配置。其中，硬件环境组建需要计算机、Arduino 开发板以及 USB 数据线。软件环境需要安装 Arduino IDE 软件和配置 Arduino 开发板驱动程序。

【任务分析】

Arduino 编程环境搭建包含硬件环境搭建和软件环境搭建。搭建 Arduino 编程环境比较简单，需要一台 PC（或笔记本电脑）、一根 A 口公头转 B 口公头的 USB 数据线，以及一块 Arduino 开发板（如 Arduino Uno）。将 Arduino 开发板与 PC 通过 USB 数据线连接好，并且安装和配置好 Arduino IDE 软件和开发板驱动，即可完成 Arduino 开发环境的硬件搭建。

2. 任务资料

2.1 认识 Arduino Uno 的板载指示灯

Arduino Uno 带有 4 个 LED 指示灯,作用分别如下。

ON:电源指示灯。当 Arduino 通电时,ON 灯会点亮。

TX:串口发送指示灯。当使用 USB 连接到计算机且 Arduino 向计算机传输数据时,TX 灯会点亮。

RX:串口接收指示灯。当使用 USB 连接到计算机且 Arduino 接收计算机传来的数据时,RX 灯会点亮。

L:可编程控制指示灯。该 LED 通过特殊电路连接到 Arduino 的 13 号引脚,当 13 号引脚为高电平或高阻态时,该 LED 会点亮;当 13 号引脚为低电平时,不会点亮。因此可以通过程序或者外部输入信号控制该 LED 的亮灭。本次任务就是通过编程实现对该指示灯的控制。

2.2 认识 Arduino 程序中的基本函数

1. pinMode()函数

语法:pinMode(接口名称,OUTPUT 或 INPUT)

功能:将接口定义为输入或输出接口,用在 setup()函数里。

2. digitalWrite()函数

语法:digitalWrite(接口名称,HIGH 或 LOW)

功能:将数字接口值置高或低。

3. digitalRead()函数

语法:digitalRead(接口名称)

功能:读出数字接口的值。

4. analogWrite()函数

语法:analogWrite(接口名称,数值)

功能:给接口写入模拟值(PWM 波)。对于 ATmega168 芯片的 Arduino(包括 Mini 或 BT),该函数可以工作于 3、5、6、9、10 和 11 号接口。老的 ATmega8 芯片的 USB 和 serial Arduino 仅仅支持 9、10 和 11 号接口。

5. analogRead()函数

语法:analogRead(接口名称)

函数:从指定的模拟接口读取值,Arduino 对该模拟值进行 10bit 的数字转换,这个方法将输入的 0~5V 电压值转换为 0~1023 的整数值。

6. delay()函数

语法:delay()

函数:延时一段时间,delay(1000)为 1s。

3. 工作实施

3.1 材料准备

本次任务需要准备好 Arduino Uno 开发板、计算机、USB 数据线等硬件设备和材料,如

表 1-4 所示。

表 1-4 Arduino 开发平台使用硬件清单

序号	元器件名称	规　　格	数量
1	开发板	Arduino Uno	1个
2	计算机	PC 或笔记本电脑	1台
3	数据线	USB	1条

3.2 安全事项

（1）作业前请检查是否穿戴好防护装备（护目镜、防静电手套等）。
（2）检查电源及设备材料、Arduino IDE 软件是否齐备、安全可靠。
（3）作业时要注意摆放好设备材料，避免伤人或造成设备材料损伤。

3.3 任务实施

（1）硬件连接如图 1-26 所示。

图 1-26　硬件连接

（2）创建程序项目。创建一个新的 Arduino 程序项目，命名为"demo_1_3"，如图 1-27 所示。

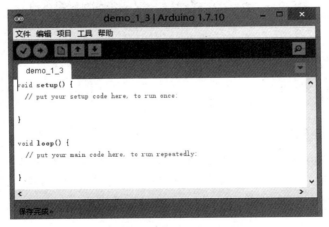

图 1-27　创建程序项目"demo_1_3"

（3）编写程序。在代码编辑区中输入如图1-28所示代码。

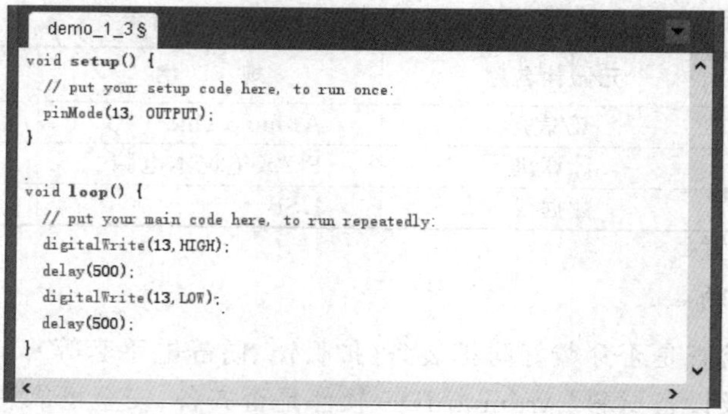

图1-28　编写项目"demo_1_3"代码

（4）运行调试。编译和调试Arduino程序（图1-29），并将调试好的程序下载至Arduino Uno开发板，查看运行的效果。

图1-29　编译项目"demo_1_3"

4. 技术知识

4.1　pinMode(pin,mode)

pinMode(pin,mode)是数字I/O口输入/输出模式定义函数，常放在setup()函数中来定义引脚pin的功能。其作用是设置引脚pin的工作模式mode为输入或输出，其中pin可为0～13，mode为OUTPUT（数字输出）或INPUT（数字输入）。例如：

```
pinMode(13,OUTPUT);    //表示设定引脚13为输出模式
```

4.2 digitalWrite(pin,value)

digitalWrite(pin,value)是输出数字信号函数。其作用是设置引脚 pin 的输出电压 value 为高电平 HIGH 或低电平 LOW。例如：

```
digitalWrite(13,HIGH);        //表示设置引脚13为高电平
```

4.3 delay(ms)

delay(ms)是设置延迟时间函数。其作用是延时(参数 ms 表示毫秒)。它可以让程序暂停运行一段时间。例如：

```
delay(500);        //表示暂停500ms
```

5. 拓展任务

参照以上操作，连接好 Arduino Uno 开发板，输入如图 1-30 所示程序代码，观察开发板上指示灯的闪烁效果。

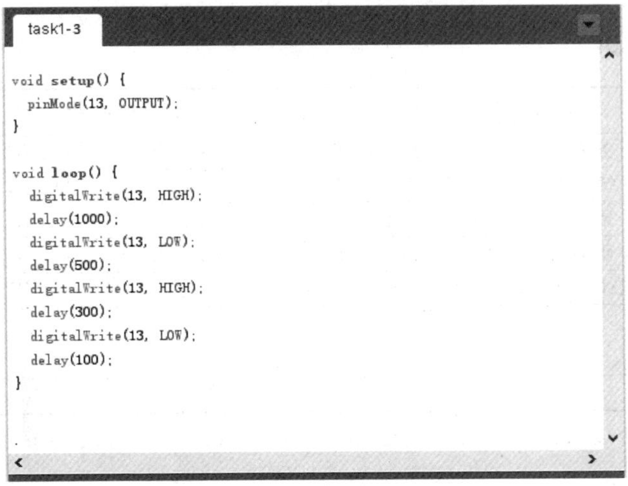

```
task1-3
void setup() {
  pinMode(13, OUTPUT);
}
void loop() {
  digitalWrite(13, HIGH);
  delay(1000);
  digitalWrite(13, LOW);
  delay(500);
  digitalWrite(13, HIGH);
  delay(300);
  digitalWrite(13, LOW);
  delay(100);
}
```

图 1-30　指示灯闪烁代码

6. 工作评价

6.1 考核评价

项目	考核内容		考核评分		
	内　　容		配分	得分	批注
工作准备(30%)	能够正确理解工作任务 1-3 的内容、范围及工作指令		10		
	能够查阅和理解技术手册，确认 Arduino 开发平台的技术标准及要求		5		
	使用个人防护用品或衣着适当，能正确使用防护用品		5		
	准备工作场地及器材，能够识别工作场地的安全隐患		5		
	确认设备及工具、量具，检查其是否安全及能否正常工作		5		

续表

项目	考核内容		考核评分	
	内容	配分	得分	批注
实施程序（50%）	正确辨识工作任务所需的 Arduino Uno 开发板和 IDE 软件	10		
	正确检查 Arduino Uno 开发板有无损坏或异常	10		
	正确选择 USB 数据线	10		
	正确选用工具进行规范操作，完成装置安装、调试和维护	10		
	安全无事故并在规定时间内完成任务	10		
完工清理（20%）	收集和储存可以再利用的原材料、余料	5		
	按照维护工作程序，清洁垃圾、清洁和整理工作区域	5		
	对工具、设备及开发板进行清洁	5		
	按照工作程序，填写完成作业单	5		
考核评语	考核人员：　　　　　日期：　　年　月　日		考核成绩	

6.2 导师评价

评价项目	评价内容	评价成绩	备注
工作准备	任务领会、资讯查询、器材准备	□A □B □C □D □E	
知识储备	系统认知、原理分析、技术参数	□A □B □C □D □E	
计划决策	任务分析、任务流程、实施方案	□A □B □C □D □E	
任务实施	专业能力、沟通能力、实施结果	□A □B □C □D □E	
职业道德	纪律素养、安全卫生、器材维护	□A □B □C □D □E	
其他评价			
教师签字：		日期：　　年　月　日	

注：在选项"□"里打"√"，其中 A：90～100 分；B：80～89 分；C：70～79 分；D：60～69 分；E：不合格。

任务 1-4　硬件电路设计

1. 工作任务

【任务目标】

使用 Fritzing 软件设计 Arduino 电路图。

【任务描述】

Fritzing 是一款开源的图形化 Arduino 电路开发软件。它简化了过去 PCB 布局工程师在做的事情，使用拖曳方式完成复杂的电路设计；能够记录 Arduino 和其他电子元器件的物理连接模型，从物理原型到实际的产品。对于非电子专业的人群而言，Fritzing 是一款很好的工具，可以用简单的拖曳方式实现电子元器件的连接，从而进行线路设计。

本次任务主要学习 Fritzing 软件的安装与使用。

【任务分析】

Fritzing 是一款开源软件,可以在其官网(http://fritzing.org/)上直接下载安装软件包(图 1-31)。在本次任务中,主要使用 Fritzing 软件实现对 Arduino 电路进行设计,因此只需要掌握 Fritzing 电路设计的简单操作即可,并学会使用拖曳方式调用其元件库中提供的各类电子元器件模型。

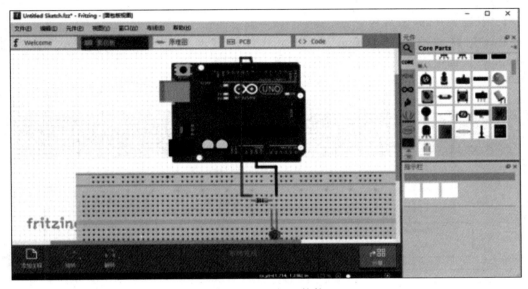

图 1-31 Fritzing 软件

2. 任务资料

Fritzing 是 Arduino 开发板的图形化电路设计软件,是一个开源软件。它是德国波茨坦应用科学大学(University of Applied Sciences Potsdam)交互设计实验室开发的软件。用户可通过拖曳的方式实现 Arduino 电路图的设计,并可以快速生成原理图和 PCB 图,同时支持 Arduino 代码编写。本次任务就使用 Fritzing 软件绘制 Arduino Uno 的电路设计图。

3. 工作实施

3.1 材料准备

本次任务所需设备及材料清单如表 1-5 所示。

表 1-5 任务 1-4 所需设备及材料清单

序号	元器件名称	规　格	数量
1	计算机	PC 或笔记本电脑	1 台
2	开发板	Arduino Uno	1 个
3	数据线	USB	1 条

3.2 安全事项

（1）作业前请检查是否穿戴好防护装备（护目镜、防静电手套等）。
（2）检查电源及设备材料、网络是否齐备、安全可靠。
（3）作业时要注意摆放好设备材料，避免伤人或造成设备材料损伤。

3.3 任务实施

1. 下载 Fritzing 安装包

在浏览器的地址栏中输入 Fritzing 软件的官网地址"http://fritzing.org/"，在 Download 页面中下载 Fritzing 安装包，如图 1-32 所示。

图 1-32　下载 Fritzing 安装包

2. 安装 Fritzing 软件

下载的安装包为 zip 压缩包，直接解压到根目录即可。解压后的软件目录如图 1-33 所示。

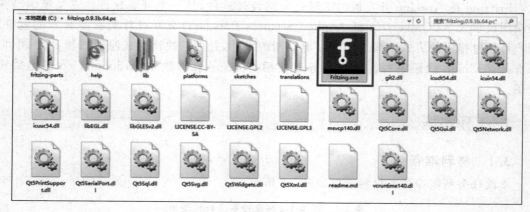

图 1-33　解压后的 Fritzing 软件

3. 使用 Fritzing 软件

（1）在解压的目录中双击 Fritzing.exe，启动 Fritzing 软件。启动后的 Fritzing 软件界面如图 1-34 所示。

项目1 传感器开发平台搭建　25

图 1-34　启动 Fritzing 软件

(2) 将 Fritzing 软件工作界面切换至"面包板",如图 1-35 所示。

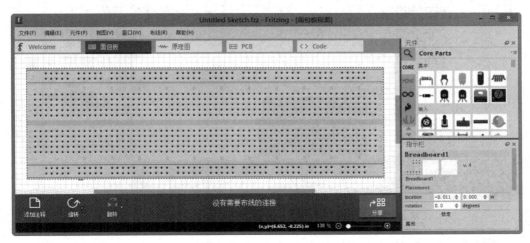

图 1-35　切换 Fritzing 软件工作界面

(3) 在右侧"元件"面板中选择 Arduino 开发板选项,将 Arduino Uno 开发板模型用鼠标(选中模型按下鼠标左键进行拖动)拖到左侧面包板工作区空白处,如图 1-36 所示。

(4) 在右侧"元件"面板中选择 CORE 选项,将 LED 模型用鼠标拖放到左侧面包板工作区的面包板上,如图 1-37 所示。

(5) 在右侧"元件"面板中选择 CORE 选项,将电阻模型用鼠标拖到左侧面包板工作区的面包板上,如图 1-38 所示。

(6) 在面包板工作区中使用鼠标(按下鼠标左键直接连接)直接绘制连接引脚的跳线,如图 1-39 所示。选中跳线右击,在弹出的右键菜单中可以选择不同的颜色设置。

(7) 保存文件。选择"文件"→"保存"命令,如图 1-40 所示。

(8) 在弹出的文件保存对话框中,选择保存路径,输入文件名,单击"保存"按钮,完成电路设计图的保存,如图 1-41 所示。

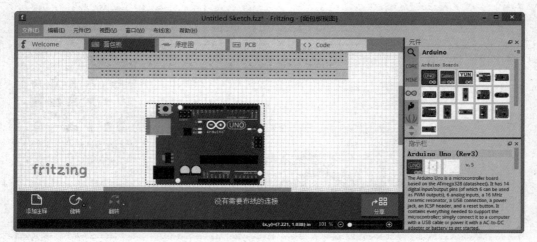

图 1-36 拖放电子元件模型

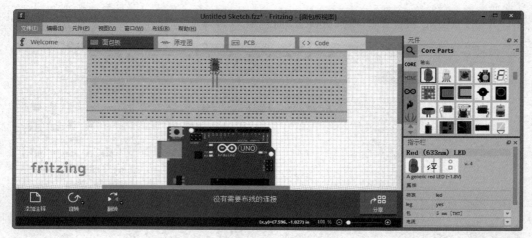

图 1-37 拖放 LED 模型

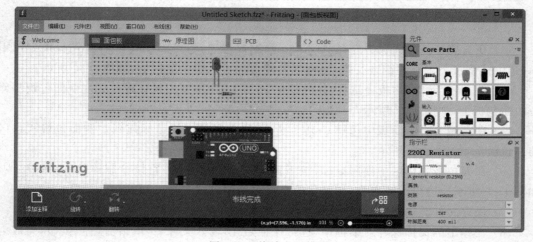

图 1-38 拖放电阻模型

项目1 传感器开发平台搭建 27

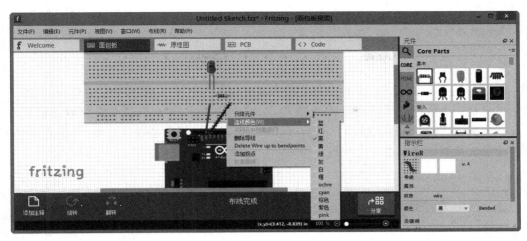

图 1-39　绘制跳线

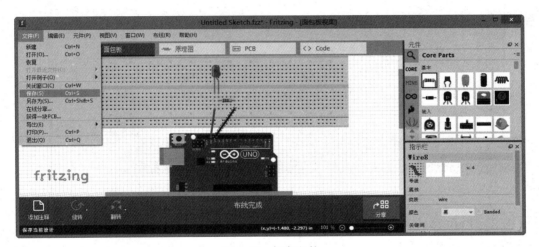

图 1-40　保存文件

图 1-41　输入文件名

4. 技术知识

4.1　Fritzing 软件介绍

Fritzing 是德国波茨坦应用科学大学交互设计实验室的研究员们开发的软件，如图 1-42 所示。它是一个电子设计自动化软件，支持设计师、艺术家、研究人员和爱好者从物理原型到进一步实现其产品；还支持用户记录 Arduino 和其他电子为基础的原型，与他人分享，并建立一个生产型印制电路板的布局。

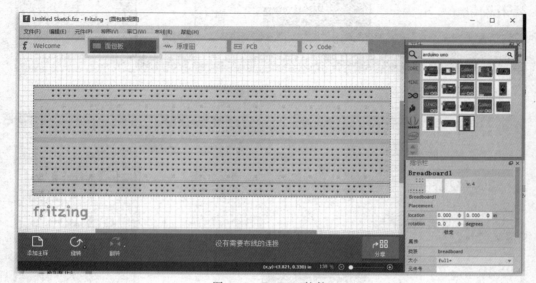

图 1-42　Fritzing 软件

4.2　Fritzing 软件功能

Fritzing 简化了过去 PCB 布局工程师在做的事情，全部使用"拖拖拉拉"的方式完成复杂的电路设计，丰富的电子元件库，还可以建立自己的元件库，对于无电子信息背景的人来讲，Fritzing 是一款很好上手的工具，你可以用很简单的方式拖曳元件以及连接线路。

Fritzing 提供了非常多的电子元件模型，如图 1-43 所示，而且提供了虚拟面包板、原理

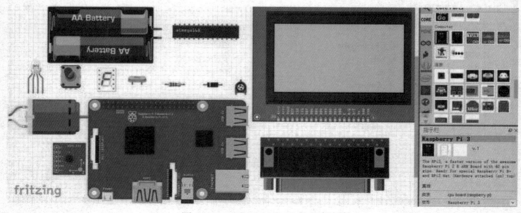

图 1-43　Fritzing 电子元件模型

图、PCB、Code 四个主要功能区。在这几个功能区中,用户可以使用逼真的电子元件模型快速地搭建属于自己的创意电路。

5. 拓展任务

使用 Fritzing 软件完成如图 1-44 所示 LED 灯控制电路的绘制。

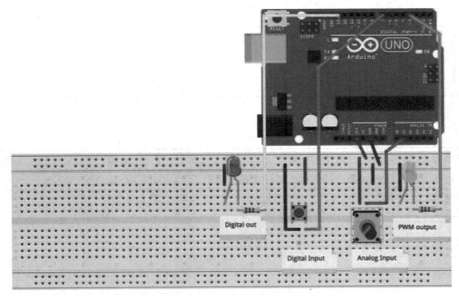

图 1-44　Fritzing 软件拓展训练

6. 工作评价

6.1 考核评价

项目	考核内容		考核评分		
	内　容		配分	得分	批注
工作准备(30%)	能够正确理解工作任务 1-4 的内容、范围及工作指令		10		
	能够查阅和理解技术手册,确认 Fritzing 软件技术标准及要求		5		
	使用个人防护用品或衣着适当,能正确使用防护用品		5		
	准备工作场地及器材,能够识别工作场地的安全隐患		5		
	确认设备及工具、量具,检查其是否安全及能否正常工作		5		
实施程序(50%)	正确辨识工作任务所需的 Arduino Uno 开发板和 Fritzing 软件		10		
	正确检查 Arduino Uno 开发板有无损坏或异常		10		
	正确选择 USB 数据线		10		
	正确选用工具进行规范操作,完成装置安装、调试和维护		10		
	安全无事故并在规定时间内完成任务		10		

续表

项目	考核内容		考核评分		
	内　容		配分	得分	批注
完工清理（20%）	收集和储存可以再利用的原材料、余料		5		
	按照维护工作程序，清洁垃圾、清洁和整理工作区域		5		
	对工具、设备及开发板进行清洁		5		
	按照工作程序，填写完成作业单		5		
考核评语			考核成绩		
	考核人员：　　　　日期：　　　　年　月　日				

6.2　导师评价

评价项目	评价内容	评价成绩	备注
工作准备	任务领会、资讯查询、器材准备	□A □B □C □D □E	
知识储备	系统认知、原理分析、技术参数	□A □B □C □D □E	
计划决策	任务分析、任务流程、实施方案	□A □B □C □D □E	
任务实施	专业能力、沟通能力、实施结果	□A □B □C □D □E	
职业道德	纪律素养、安全卫生、器材维护	□A □B □C □D □E	
其他评价			
教师签字：　　　　　　　　　　　日期：　　　　　　年　月　日			

注：在选项"□"里打"√"，其中 A：90～100 分；B：80～89 分；C：70～79 分；D：60～69 分；E：不合格。

项 目 小 结

本项目介绍了 Arduino 开发环境的搭建，包括 Arduino IDE、Fritzing 等软件的安装与使用。为了便于初学者上机实践，着重介绍了 Arduino IDE 软件使用、Arduino 开发板的硬件连接、驱动程序的配置、Fritzing 软件的使用，以及开发与执行 Arduino 程序项目所需的配置和运行方式。

项目要点：熟练掌握 Arduino IDE 软件的安装与驱动配置，熟练掌握 Fritzing 软件的安装方法，熟悉 Arduino IDE 和 Fritzing 开发工具的使用，了解 Arduino 程序设计方法，掌握使用 Arduino IDE 创建和运行 Arduino 程序项目。

项 目 评 价

在本项目教学和实施过程中，教师和学生可以根据以下项目考核评价表对各项任务进行考核评价。考核主要针对学生在技术知识、任务实施（技能情况）、拓展任务（实战训练）的掌握程度和完成效果进行评价。

评价内容	评价标准									
	技术知识		任务实施		拓展任务		完成效果		总体评价	
	个人评价	教师评价	个人评价	教师评价	个人评价	教师评价	个人评价	教师评价	个人评价	教师评价
任务 1-1										
任务 1-2										
任务 1-3										
任务 1-4										
存在问题与解决办法（应对策略）										
学习心得与体会分享										

实训与讨论

一、实训题

1. 在计算机上安装并配置好 Arduino IDE 和 Fritzing 软件。
2. 使用 Arduino IDE 创建并运行一个 Arduino 程序项目。

二、讨论题

1. 举几个自己遇到的 Arduino 应用实例，并说明它们的用途。
2. 目前主流的传感器技术有哪些？

项目 2

传感器基本装置的设计与制作

知识目标

- 认识蜂鸣器、倾斜开关、继电器、步进电机、舵机、PS2 摇杆等常用元器件。
- 了解蜂鸣器等常用元器件的工作原理。
- 掌握蜂鸣器等常用元器件的应用方法和使用技巧。

技能目标

- 懂蜂鸣器等常用元器件的使用。
- 会使用 Arduino Uno 开发板编程实现对蜂鸣器等常用元器件的控制。
- 能完成蜂鸣器等常用元器件的应用装置设计与制作。

素质目标

- 具备常用电路设计应用的操作素养和安全意识。
- 具有踏实肯干的钻研精神。
- 养成良好的技术行为习惯。

工作任务

- 任务 2-1　指示灯控装置的设计与制作
- 任务 2-2　光线传感装置的设计与制作
- 任务 2-3　鸣响报警装置的设计与制作
- 任务 2-4　角度传感装置的设计与制作
- 任务 2-5　自动控制装置的设计与制作
- 任务 2-6　步进电机装置的设计与制作
- 任务 2-7　舵机控制装置的设计与制作
- 任务 2-8　PS2 摇杆装置的设计与制作

任务 2-1 指示灯控装置的设计与制作

1. 工作任务

【任务目标】
使用 Arduino Uno 开发板和 RGB 全彩 LED 制作一个 RGB 闪烁显示的炫彩灯。

【任务描述】
在本次任务中,将介绍 Arduino Uno 开发板编程实现对 RGB 全彩 LED 的显示控制,并以此来设计和制作一个 RGB 闪烁显示的 LED 指示灯。

其控制原理是使用 Arduino Uno 开发板控制 3 组信号输出,以实现全彩 LED 的 R、G、B 三种颜色值不同的混合炫彩显示指示效果。

【任务分析】
RGB 全彩 LED 看起来就像一个普通的 LED,和一般 LED 不同的是,在 RGB LED 灯封装内,有三个 LED,一个红色的,一个绿色的,一个蓝色的。通过控制各个 LED 的亮度,理论上可以混合出各种想要的颜色。

RGB LED 模块共有四个引脚,常见的正极是第二引脚,也是最长的那个引线。此引脚将被连接到+5V。其余每个 LED 都需要串联 220Ω 的电阻,以防止太大的电流流过烧毁。三个正引脚的 LED(一个红色、一个绿色和一个蓝色)先接电阻,然后连接到 Arduino Uno 开发板的 PWM 输出引脚,可以用 D9、D10、D11 号引脚。

2. 任务资料

2.1 认识 RGB LED 模块

RGB LED 模块是指一个 LED 里包含有红、绿、蓝三种颜色,又被称为三色 LED 的电子元件,如图 2-1 所示。它可以通过调节不同颜色的亮度,组合成不同的颜色。

2.2 认识杜邦线

杜邦线是美国杜邦公司生产的,用于电子行业的一种特殊缝纫线,如图 2-2 所示。杜邦线可用于实验板的引脚扩展、电子实验项目等。它可以非常牢靠地和插针连接,无须焊接,可以快速进行电路试验。

图 2-1 RGB LED 模块

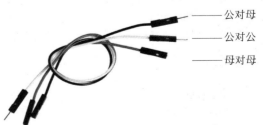

图 2-2 杜邦线(1)

3. 工作实施

3.1 材料准备

本次任务所需电子元器件材料清单如表 2-1 所示。

表 2-1 任务 2-1 所需电子元器件材料清单

序号	元器件名称	规格	数量
1	开发板	Arduino Uno	1个
2	数据线	USB	1条
3	面包板	MB-102	1个
4	LED 灯	RGB LED	1个
5	跳线	引脚	若干

3.2 安全事项

（1）作业前请检查是否穿戴好防护装备（护目镜、防静电手套等）。

（2）检查电源及设备材料是否齐备、安全可靠。

（3）检查开发板、RGB LED 模块有无损坏或异常。

（4）作业时要注意摆放好设备材料，避免伤人或造成设备材料损伤。

3.3 任务实施

第 1 步：使用 Fritzing 软件设计和绘制电路设计图，如图 2-3 所示。根据电路设计图完成 Arduino Uno 开发板及其他电子元件的硬件连接。

第 2 步：创建 Arduino 程序"demo_2_1"。程序代码如下。

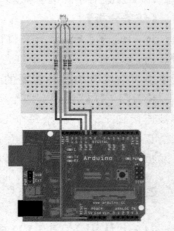

图 2-3 指示灯控装置电路设计图

```
int redPin = 11;              //R 红色 LED 控制引脚连接到 Arduino 的 11 脚
int greenPin = 9;             //G 绿色 LED 控制引脚连接到 Arduino 的 9 脚
int bluePin = 10;             //B 蓝色 LED 控制引脚连接到 Arduino 的 11 脚
void setup()
{
    pinMode(redPin, OUTPUT);     //设置 redPin 对应的引脚 11 为输出
    pinMode(greenPin, OUTPUT);   //设置 greenPin 对应的引脚 9 为输出
    pinMode(bluePin, OUTPUT);    //设置 bluePin 对应的引脚 10 为输出
}
void loop()
{
    color(255, 0, 0);            //红色亮
    delay(1000);                 //延时 1s
    color(0,255, 0);             //绿色亮
    delay(1000);                 //延时 1s
    color(0, 0, 255);            //蓝色灯亮
```

```
        delay(1000);                              //延时 1s
        color(255,255,0);                         //黄色
        delay(1000);                              //延时 1s
        color(255,255,255);                       //白色
        delay(1000);                              //延时 1s
        color(128,0,255);                         //紫色
        delay(1000);                              //延时 1s
        color(0,0,0);                             //关闭 LED
        delay(1000);                              //延时 1s
}
void color (unsigned char red, unsigned char green, unsigned char blue)    //颜色控制函数
{
        analogWrite(redPin, 255 - red);
        analogWrite(bluePin, 255 - blue);
        analogWrite(greenPin, 255 - green);
}
```

第 3 步:编译并上传程序至开发板,运行效果如图 2-4 所示。

图 2-4　任务 2-1 运行效果

4. 技术知识

4.1　RGB 全彩 LED

RGB 全彩 LED 是指一个 LED 里包含有红、绿、蓝三种颜色,又称为三色 LED,如图 2-5 所示。其原理是在每种颜色的灯上的驱动电压不一样,亮度就不一样,它们组合在一起,就形成了各种颜色。RGB 全彩 LED 模块有 R、G、B 三个输出,其中 R 为红色输出;G 为绿色输出;B 为蓝色输出。

RGB 全彩 LED 特点:三组信号输出,可通过 Arduino 编程实现对 R、G、B 三种颜色值的混合,从而实现和达到全彩和炫彩的效果。

图 2-5　全彩 LED 模块

4.2 杜邦线

杜邦线是美国杜邦公司生产的有特殊效用的缝纫线。杜邦线可用于电路板的引脚扩展，可以非常牢靠地和插针连接，无须焊接，可以快速进行电路的测试与试验。杜邦线有母对母、公对母、公对公等不同接口，如图2-6所示。在使用时，要注意选择合适接口的杜邦线。

5. 拓展任务

完成图2-7所示炫彩灯装置的设计与制作，并使用Arduino Uno开发板编程实现对炫彩灯灯色变化的控制。

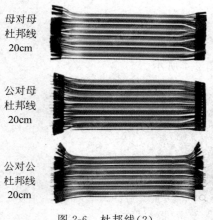

图 2-6　杜邦线（2）

图 2-7　拓展任务

6. 工作评价

6.1 考核评价

项目	考核内容	考核评分		
	内　容	配分	得分	批注
工作准备（30%）	能够正确理解工作任务2-1的内容、范围及工作指令	10		
	能够查阅和理解技术手册，确认RGB LED模块技术标准及要求	5		
	使用个人防护用品或衣着适当，能正确使用防护用品	5		
	准备工作场地及器材，能够识别工作场地的安全隐患	5		
	确认设备及工具、量具，检查其是否安全及能否正常工作	5		
实施程序（50%）	正确辨识工作任务所需的Arduino Uno开发板、RGB LED模块	10		
	正确检查Arduino Uno开发板、RGB LED模块有无损坏或异常	10		
	正确选择USB数据线和跳线	10		
	正确选用工具进行规范操作，完成装置的安装、调试和维护	10		
	安全无事故并在规定时间内完成任务	10		

续表

项目	考核内容		考核评分		
	内　容		配分	得分	批注
完工清理（20%）	收集和储存可以再利用的原材料、余料		5		
	按照维护工作程序,清洁垃圾、清洁和整理工作区域		5		
	对开发板、RGB LED模块、工具及设备进行清洁		5		
	按照工作程序,填写完成作业单		5		
考核评语			考核成绩		
	考核人员：	日期： 年 月 日			

6.2　导师评价

评价项目	评价内容	评价成绩	备注
工作准备	任务领会、资讯查询、器材准备	□A □B □C □D □E	
知识储备	系统认知、原理分析、技术参数	□A □B □C □D □E	
计划决策	任务分析、任务流程、实施方案	□A □B □C □D □E	
任务实施	专业能力、沟通能力、实施结果	□A □B □C □D □E	
职业道德	纪律素养、安全卫生、器材维护	□A □B □C □D □E	
其他评价			
教师签字		日期： 年 月 日	

注：在选项"□"里打"√",其中 A：90～100分；B：80～89分；C：70～79分；D：60～69分；E：不合格。

任务2-2　光线传感装置的设计与制作

1. 工作任务

【任务目标】

使用 Arduino Uno 开发板和光敏电阻制作一个简易的感光灯。

【任务描述】

在日常生活中,一些照明灯具能够根据环境光线的变化,通过自身调节,控制灯的亮度发生相应的变化,这类灯称为感光灯。在本次任务中,我们将使用 Arduino Uno 开发板和光敏电阻设计和制作一款简易的感光灯。

【任务分析】

本任务是通过使用光敏电阻,采用 PWM 引脚实现在光照强度不同时控制 LED 灯的亮度。电路原理如图2-8所示。

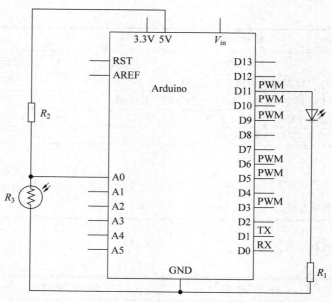

图 2-8　光线传感装置电路原理图

2. 任务资料

光敏电阻是利用半导体的光电导效应制成的一种电阻值随入射光的强弱而改变的电阻,一般是用硫化镉或硒等半导体材料制成的一种特殊电阻器(图 2-9)。其工作原理是基于内光电效应,当入射光强时,电阻减小;当入射光弱时,电阻增大。光敏电阻对光线十分敏感,其在无光照时,呈高阻状态,随着光照强度的升高,电阻值迅速降低。由于光敏电阻的特殊性能,其在日常生活中得到了极其广泛的应用。

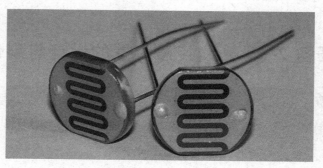

图 2-9　光敏电阻(1)

3. 工作实施

3.1　材料准备

本次任务所需电子元器件材料清单如表 2-2 所示。

项目2 传感器基本装置的设计与制作

表2-2 任务2-2所需电子元器件材料清单

序号	元器件名称	规　　格	数　量
1	开发板	Arduino Uno	1个
2	数据线	USB	1条
3	面包板	MB-102	1块
4	光敏电阻		1个
5	LED灯	红	1个
6	色环电阻	220Ω、10kΩ	各1个
7	跳线	引脚	若干

3.2 安全事项

（1）作业前请检查是否穿戴好防护装备（护目镜、防静电手套等）。
（2）检查电源及设备材料是否齐备、安全可靠。
（3）检查开发板、光敏电阻有无损坏或异常。
（4）作业时要注意摆放好设备材料，避免伤人或造成设备材料损伤。

3.3 任务实施

第1步：使用Fritzing软件设计和绘制电路设计图，如图2-10所示。根据电路设计图完成Arduino Uno开发板及其他电子元件的硬件连接。

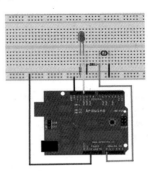

图2-10 任务2-2电路设计图

第2步：创建Arduino程序"demo_2_2"。程序代码如下。

```
int potPin = 0;
int ledPin = 11;
int value = 0;
void setup() {
  pinMode(ledPin,OUTPUT);
  Serial.begin(9600);
}
void loop() {
  value = analogRead(potPin);
  Serial.println(value);
  analogWrite(ledPin,value);
  delay(10);
}
```

第3步：编译并上传程序至开发板。运行效果如图2-11所示。

4. 技术知识

4.1 光敏电阻

光敏电阻（photoresistor or light-dependent resistor，后者缩写为LDR）或光导管（photoconductor）是一种电阻值随照射光强度增加而下降的电子元件，如图2-12所示。该元件常用的制作材料为硫化镉，另外还有硒、硫化铝、硫化铅和硫化铋等材料。这些制作材

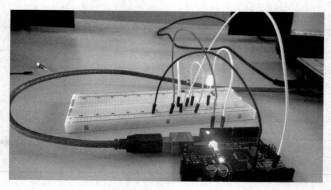

图 2-11 任务 2-2 运行效果

料具有在特定波长的光照射下,其阻值迅速减小的特性。这是由于光照产生的载流子都参与导电,在外加电场的作用下做漂移运动,电子奔向电源的正极,空穴奔向电源的负极,从而使光敏电阻器的阻值迅速下降。

图 2-12 光敏电阻(2)

光敏电阻的使用方法很简单,将其作为一个电阻接入电路中,然后使用 analogRead() 读取电压即可。这里我们将光敏电阻和一个普通电阻串联,根据串联分压的方法读取光敏电阻上的电压。

4.2 analogRead()

analogRead() 可以从指定的模拟引脚读取值。一般地,Arduino Uno 开发板有 6 个通道(Mini 和 Nano 有 8 个,Mega 有 16 个),10 位 A/D(模/数)转换器。这意味着输入电压 $0 \sim 5V$ 对应 $0 \sim 1023$ 的整数值。这就是说读取精度为 5V/1024 个单位,约等于每个单位 0.049V(49mV)。输入范围和进度可以通过 analogReference() 进行修改。模拟输入的读取周期为 100μs(0.0001s),所以最大读取速度为每秒 10000 次。

使用示例:

```
val = analogRead(A0);
Serial.println(val);
```

5. 拓展任务

完成图 2-13 所示感光灯装置的设计与制作,并使用 Arduino Uno 开发板编程实现对感光灯的控制。

图 2-13 任务 2-2 拓展训练

6. 工作评价

6.1 考核评价

项目	考核内容		考核评分		
	内　　容	配分	得分	批注
工作准备 （30%）	能够正确理解工作任务 2-2 的内容、范围及工作指令	10		
	能够查阅和理解技术手册，确认光敏电阻技术标准及要求	5		
	使用个人防护用品或衣着适当，能正确使用防护用品	5		
	准备工作场地及器材，能够识别工作场地的安全隐患	5		
	确认设备及工具、量具，检查其是否安全及能否正常工作	5		
实施程序 （50%）	正确辨识工作任务所需的 Arduino Uno 开发板、光敏电阻	10		
	正确检查 Arduino Uno 开发板、光敏电阻有无损坏或异常	10		
	正确选择 USB 数据线和跳线	10		
	正确选用工具进行规范操作，完成装置安装、调试和维护	10		
	安全无事故并在规定时间内完成任务	10		
完工清理 （20%）	收集和储存可以再利用的原材料、余料	5		
	按照维护工作程序，清洁垃圾、清洁和整理工作区域	5		
	对开发板、光敏电阻、工具及设备进行清洁	5		
	按照工作程序，填写完成作业单	5		
考核评语	考核人员：　　　　　　　日期：　　　年　月　日		考核成绩		

6.2 导师评价

评价项目	评价内容	评价成绩	备注
工作准备	任务领会、资讯查询、器材准备	□A □B □C □D □E	
知识储备	系统认知、原理分析、技术参数	□A □B □C □D □E	
计划决策	任务分析、任务流程、实施方案	□A □B □C □D □E	
任务实施	专业能力、沟通能力、实施结果	□A □B □C □D □E	
职业道德	纪律素养、安全卫生、器材维护	□A □B □C □D □E	
其他评价			
教师签字：　　　　　　　　　　　　　日期：　　　年　月　日			

注：在选项"□"里打"√"，其中 A：90~100 分；B：80~89 分；C：70~79 分；D：60~69 分；E：不合格。

任务 2-3　鸣响报警装置的设计与制作

1. 工作任务

【任务目标】

使用 Arduino Uno 开发板编程控制蜂鸣器鸣响。

【任务描述】

使用 Arduino 可以完成许多控制，最常见也最常用的是灯光和声音的控制。任务 2-1 和任务 2-2 主要是实现对 LED 灯光的控制。本次任务开始使用 Arduino Uno 开发板实现对声音的控制。在 Arduino 嵌入式系统应用开发中，常用的发声电子元件是蜂鸣器，它常用于嵌入式报警系统和音乐播放装置的发声。

蜂鸣器是一种会发出声音的电子元件，是嵌入式电子电路装置中常用的电子元件，广泛应用于报警器、家用电器、定时器等电子产品中用作发声电子元件。蜂鸣器可以分为压电式蜂鸣器和电磁式蜂鸣器两种类型。本次任务将通过 Arduino Uno 开发板编程实现对蜂鸣器的鸣响发声控制。

【任务分析】

蜂鸣器的使用比较简单，只需要将蜂鸣器的 2 个引脚连接到 Arduino Uno 开发板的数字引脚和 GND 引脚即可。使用 Arduino Uno 开发板实现对蜂鸣器发声控制的电路原理如图 2-14 所示。

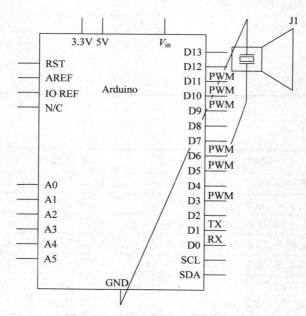

图 2-14　鸣响报警装置电路原理图

2. 任务资料

2.1 认识蜂鸣器

蜂鸣器是一种一体化结构的电子讯响器,采用直流电压供电,广泛应用于计算机、打印机、复印机、报警器、电子玩具、汽车电子设备、电话机、定时器等电子产品中作发声器件(图2-15)。蜂鸣器有无源蜂鸣器与有源蜂鸣器之分。

2.2 认识蜂鸣器发声原理

蜂鸣器是一种电声转换器件。将压电材料粘贴在金属片上,当压电材料和金属片两端施加电压后,因为逆压电效应,蜂鸣片就会产生机械变形而发出声响。

压电材料有多种,用在蜂鸣片上的压电材料通常是高压极化后的压电陶瓷片,如图2-16所示。压电陶瓷片是一种电子发音元件,在两片铜制圆形电极中间放入压电陶瓷介质材料,当在两片电极上面接通交流音频信号时,压电片会根据信号频率的大小发生振动而产生相应的声音。

图 2-15　蜂鸣器

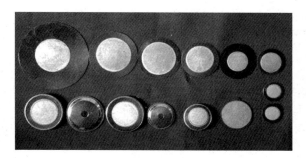

图 2-16　压电陶瓷片

3. 工作实施

3.1 材料准备

本次任务所需电子元器件材料清单如表2-3所示。

表 2-3　任务 2-3 所需电子元器件材料清单

序号	元器件名称	规　　格	数量
1	开发板	Arduino Uno	1个
2	数据线	USB	1条
3	面包板	MB-102	1个
4	蜂鸣器	有源或无源	1个
5	跳线	引脚	2条

3.2 安全事项

(1) 作业前请检查是否穿戴好防护装备(护目镜、防静电手套等)。

（2）检查电源及设备材料是否齐备、安全可靠。
（3）检查开发板、蜂鸣器模块有无损坏或异常。
（4）作业时要注意摆放好设备材料，避免伤人或造成设备材料损伤。

3.3 任务实施

第1步：使用Fritzing软件设计和绘制电路设计图，如图2-17所示。根据电路设计图，完成Arduino Uno开发板及其他电子元件的硬件连接。

第2步：创建Arduino程序"demo_2_3"。程序代码如下。

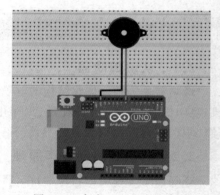

图 2-17　任务 2-3 电路设计图

```
int buzzer = 8;                        //设置控制蜂鸣器的数字 I/O 端口
void setup()
{
  pinMode(buzzer,OUTPUT);              //设置连接蜂鸣器数字 I/O 端口模式,OUTPUT 为输出
}
void loop()
{
  unsigned char i,j;                   //定义变量
  while(1)
  {
    for(i = 0;i < 80;i++)              //输出一个频率的声音
    {
      digitalWrite(buzzer,HIGH);       //发声音
      delay(1);                        //延时 1ms
      digitalWrite(buzzer,LOW);        //不发声音
      delay(1);                        //延时 1ms
    }
    for(i = 0;i < 100;i++)             //输出另一个频率的声音
    {
      digitalWrite(buzzer,HIGH);       //发声音
      delay(2);                        //延时 2ms
      digitalWrite(buzzer,LOW);        //不发声音
      delay(2);                        //延时 2ms
    }
  }
}
```

第3步：编译并上传程序至开发板，查看运行效果，如图2-18所示。

4. 技术知识

蜂鸣器由振动装置和谐振装置组成，根据发声的原理，可分为无源蜂鸣器与有源蜂鸣器。

4.1 无源蜂鸣器

无源蜂鸣器利用电磁感应现象，为音圈接入交变电流后，形成电磁铁与永磁铁相吸或相斥，从而推动振膜发声；接入直流电只能持续推动振膜而无法产生声音，只能在接通或断开时产生声音。无源蜂鸣器的工作原理与扬声器相同。图 2-19 所示为无源蜂鸣器。

图 2-18 任务 2-3 运行效果

图 2-19 无源蜂鸣器

4.2 有源蜂鸣器

有源蜂鸣器工作的理想信号是直流电,通常标示为 VDC、VDD 等。因为蜂鸣器内部有一简单的振荡电路,能将恒定的直流电转化成一定频率的脉冲信号,从而实现磁场交变,带动铝片振动发音。有源蜂鸣器和无源蜂鸣器的根本区别是产品对输入信号的要求不一样。无源蜂鸣器没有内部驱动电路,有些公司和工厂称为讯响器,国标中称为声响器。无源蜂鸣器工作的理想信号是方波。如果给予直流信号,无源蜂鸣器是不响应的。图 2-20 所示为有源蜂鸣器。

5. 拓展任务

使用 Arduino Uno 开发板制作一个光控声音的控制电路,实现由光的强度控制蜂鸣器的发声频率,其电路设计如图 2-21 所示。

图 2-20 有源蜂鸣器

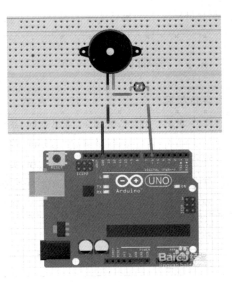

图 2-21 任务 2-3 拓展训练

6. 工作评价

6.1 考核评价

项目	考核内容		考核评分		
		内容	配分	得分	批注
工作准备 (30%)	能够正确理解工作任务 2-3 的内容、范围及工作指令		10		
	能够查阅和理解技术手册,确认蜂鸣器模块技术标准及要求		5		
	使用个人防护用品或衣着适当,能正确使用防护用品		5		
	准备工作场地及器材,能够识别工作场地的安全隐患		5		
	确认设备及工具、量具,检查其是否安全及能否正常工作		5		
实施程序 (50%)	正确辨识工作任务所需的 Arduino Uno 开发板、蜂鸣器模块		10		
	正确检查 Arduino Uno 开发板、蜂鸣器模块有无损坏或异常		10		
	正确选择 USB 数据线和跳线		10		
	正确选用工具进行规范操作,完成装置安装、调试和维护		10		
	安全无事故并在规定时间内完成任务		10		
完工清理 (20%)	收集和储存可以再利用的原材料、余料		5		
	按照维护工作程序,清洁垃圾、清洁和整理工作区域		5		
	对开发板、蜂鸣器模块、工具及设备进行清洁		5		
	按照工作程序,填写完成作业单		5		
考核评语	考核人员: 日期: 年 月 日		考核成绩		

6.2 导师评价

评价项目	评价内容	评价成绩	备注
工作准备	任务领会、资讯查询、器材准备	□A □B □C □D □E	
知识储备	系统认知、原理分析、技术参数	□A □B □C □D □E	
计划决策	任务分析、任务流程、实施方案	□A □B □C □D □E	
任务实施	专业能力、沟通能力、实施结果	□A □B □C □D □E	
职业道德	纪律素养、安全卫生、器材维护	□A □B □C □D □E	
其他评价			
教师签字:		日期: 年 月 日	

注:在选项"□"里打"√",其中 A:90～100 分;B:80～89 分;C:70～79 分;D:60～69 分;E:不合格。

任务 2-4　角度传感装置的设计与制作

1. 工作任务

【任务目标】

使用 Arduino Uno 开发板编程制作一个由倾斜滚珠式开关（角度传感器）控制的防倾斜装置。

【任务描述】

防倾斜装置是一种利用电子平衡原理的电子装置。它主要用于防止嵌入式装置在使用过程中发生倾覆现象。一旦装置在工作过程中发生倾斜，装置中的倾斜滚珠式开关就会向控制器发出信息，并引发 LED 指示灯和蜂鸣器发出灯光提示和警报声。

本次任务使用 Arduino Uno 开发板、倾斜开关和 LED 灯设计与制作一个嵌入式防倾斜装置。当倾斜开关监测到嵌入式装置发生倾覆时，通过 Arduino Uno 开发板控制 LED 指示灯发出灯光示警。

【任务分析】

本次任务使用倾斜开关通过 Arduino Uno 开发板实现对 LED 指示灯的照明控制。这里使用的倾斜开关是一种滚珠式开关，通过珠子滚动接触导针的原理控制电路的接通或断开。本次任务电路原理如图 2-22 所示。

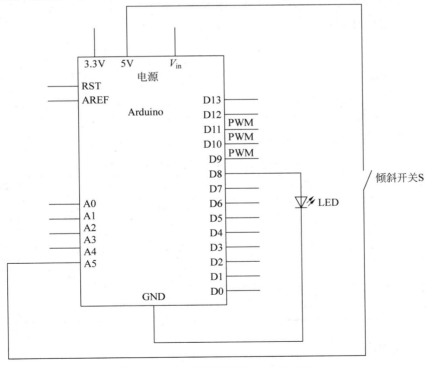

图 2-22　角度传感器装置电路原理图

2. 任务资料

2.1 认识倾斜开关

倾斜开关也叫滚珠开关,是通过珠子滚动接触导针的原理来控制电路的接通或者断开的。即利用开关中小珠的滚动,制造与金属端子的触碰或改变光线行进的路线,产生导通或不导通的效果。

滚珠开关有许多不同类型的产品,包括角度感应开关、振动感应开关、离心力感应开关、光电式滚珠开关。早期倾斜开关以水银开关为主,把水银(汞)当作触击的元件,但自从各国政府陆续禁用水银后,触击元件就以滚珠所取代。

滚珠开关使用广泛,如胎压监控系统(TPMS)、脚踏车灯、数位相框旋转、银幕旋转、视讯镜头翻转、防盗系统等。一般地,需要侦测物体角度变化、倾倒、移动、振动、旋转的场合,滚珠开关皆适用。

2.2 认识倾斜开关 SW-520

倾斜开关 SW-520 是一款滚珠振动开关,是一种滚珠型倾斜感应单方向性触发开关,如图 2-23 所示。当倾斜开关 SW-520 向导电端(银色引脚端 A)倾斜、倾斜角大于 15°时,呈开路 OFF 状态;当水平状态发生倾斜改变,触发端(镀金引脚端 C)低于水平倾斜角大于 15°时,为闭路 ON 状态。水平放置时,晃动易触发;而引脚向下时,晃动不易触发。倾斜开关 SW-520 采用完全密封式封装,可防水、防尘。在正常使用状态下,开关寿命可达 10 万次。

图 2-23 倾斜开关 SW-520

3. 工作实施

3.1 材料准备

本次任务所需电子元器件材料清单如表 2-4 所示。

表 2-4 任务 2-4 所需电子元器件材料清单

序号	元器件名称	规 格	数量
1	开发板	Arduino Uno	1个
2	数据线	USB	1条
3	面包板	MB-102	1个
4	倾斜开关	滚珠	1个
5	LED	红色	1个
6	色环电阻	220Ω	1个
7	跳线	引脚	若干

3.2 安全事项

(1) 作业前请检查是否穿戴好防护装备(护目镜、防静电手套等)。
(2) 检查电源及设备材料是否齐备、安全可靠。

（3）检查开发板、倾斜开关有无损坏或异常。
（4）作业时要注意摆放好设备材料,避免伤人或造成设备材料损伤。

3.3 任务实施

第 1 步：使用 Fritzing 软件设计和绘制电路设计图,如图 2-24 所示。根据电路设计图,完成 Arduino Uno 开发板及其他电子元件的硬件连接,如图 2-25 所示。

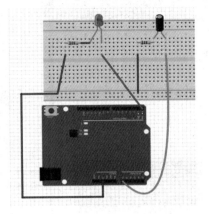

图 2-24 任务 2-4 电路设计图

图 2-25 硬件连接

第 2 步：创建 Arduino 程序"demo_2_4"。程序代码如下。

```
void setup()
{
  pinMode(8,OUTPUT);          //设置数字8引脚为输出模式
}
void loop()
{
  int i;                      //定义变量 i
  while(1)
  {
   i = analogRead(5);         //读取模拟5引脚电压值
   if(i > 512)                //如果大于 512(2.5V)
   {
     digitalWrite(8,LOW);     //点亮 LED
   }
   else
   {
     digitalWrite(8,HIGH);    //熄灭 LED
   }
  }
}
```

第 3 步：编译并上传程序至开发板,查看运行效果,如图 2-26 所示。

倾斜前　　　　　　　　　　　　　倾斜后

图 2-26　任务 2-4 运行效果

4. 技术知识

4.1　倾斜开关

倾斜开关也称为滚珠开关、碰珠开关、摇珠开关、钢珠开关、倒顺开关、角度传感器，如图 2-27 所示。它主要是利用滚珠在开关内随不同倾斜角度的发化，达到触发电路的目的。目前滚珠开关在市场上使用的常见型号有 SW-200、SW-300、SW-520 等。

图 2-27　倾斜开关

本次任务使用的倾斜开关是内部带有一个金属滚珠的滚珠倾斜开关。其中，倾斜开关的一端为金色导针，另一端为银色导针。金色一端为 ON 导通触发端，银色一端为 OFF 开路端，当因外力摇晃而使倾斜开关里面的小珠跑到黄色的那一端时，则导通；否则断开。

4.2　while 循环

while 循环是程序结构中的一种循环结构。其语法如下：

```
while(表达式){
    语句;
}
```

它可以连续不断地循环执行大括号"{}"中的语句或语句组，直到圆括号"()"中表达式的值出现 false 为止。

一般地，可以在语句组中设置一个递增的变量，结合表达式来控制循环的次数。例如：

```
while(i<10){
    语句;
    i++;
}
```

值得注意的是，当表达式设置为 1 时，相当于将表达式设置为 true，如本次任务中的 while(1){...}循环，则表示 while 循环将一直执行下去，永远不会中止。

5. 拓展任务

使用 Arduino Uno 开发板制作一个通过倾斜开关控制蜂鸣器报警的控制电路装置，要求通过电路设计、硬件连接、编程调试,完成当倾斜变化时实现蜂鸣器报警的功能(图 2-28)。

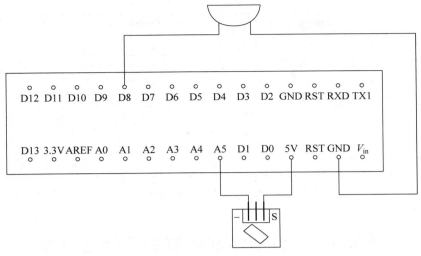

图 2-28　任务 2-4 拓展训练

6. 工作评价

6.1　考核评价

项目	考核内容		考核评分		
	内　容		配分	得分	批注
工作 准备 (30%)	能够正确理解工作任务 2-4 的内容、范围及工作指令		10		
	能够查阅和理解技术手册,确认倾斜开关技术标准及要求		5		
	使用个人防护用品或衣着适当,能正确使用防护用品		5		
	准备工作场地及器材,能够识别工作场地的安全隐患		5		
	确认设备及工具、量具,检查其是否安全及能否正常工作		5		
实施 程序 (50%)	正确辨识工作任务所需的 Arduino Uno 开发板、倾斜开关		10		
	正确检查 Arduino Uno 开发板、倾斜开关有无损坏或异常		10		
	正确选择 USB 数据线和跳线		10		
	正确选用工具进行规范操作,完成装置安装、调试和维护		10		
	安全无事故并在规定时间内完成任务		10		
完工 清理 (20%)	收集和储存可以再利用的原材料、余料		5		
	按照维护工作程序,清洁垃圾、清洁和整理工作区域		5		
	对开发板、倾斜开关、工具及设备进行清洁		5		
	按照工作程序,填写完成作业单		5		
考核 评语			考核 成绩		
	考核人员:　　　　　日期:　　　年　月　日				

6.2 导师评价

评价项目	评价内容	评价成绩	备注
工作准备	任务领会、资讯查询、器材准备	□A □B □C □D □E	
知识储备	系统认知、原理分析、技术参数	□A □B □C □D □E	
计划决策	任务分析、任务流程、实施方案	□A □B □C □D □E	
任务实施	专业能力、沟通能力、实施结果	□A □B □C □D □E	
职业道德	纪律素养、安全卫生、器材维护	□A □B □C □D □E	
其他评价			
教师签字:		日期:　　年　月　日	

注：在选项"□"里打"√"，其中 A：90～100分；B：80～89分；C：70～79分；D：60～69分；E：不合格。

任务 2-5　自动控制装置的设计与制作

1. 工作任务

【任务目标】

使用 Arduino Uno 开发板编程实现对继电器的控制。

【任务描述】

在生活中，我们常需要用弱电控制强电的情况，也就是常说的小电流控制大电流问题，比如用 Arduino 控制器控制风扇之类的大功率电器时，就要用到继电器了。对于初学者，为了安全起见，本次任务不动用大功率电器，这里以小见大还是采用 LED 灯来完成任务演示。

【任务分析】

继电器是一种当输入量（如电、磁、声、光、热）达到一定值时，输出量将发生跳跃式变化的自动控制器件。本次任务将使用 Arduino Uno 开发板编程实现对继电器的控制。电路原理如图 2-29 所示。

2. 任务资料

2.1 认识继电器

继电器（relay）是一种电控制器件，是当输入量的变化达到规定要求时，在电气输出电路中使被控量发生预定的阶跃变化的一种电器，如图 2-30 所示。它具有控制系统（又称输入回路）和被控制系统（又称输出回路）之间的互动关系。通常应用于自动化控制电路中，它实际上是用小电流去控制大电流运作的一种"自动开关"。故在电路中起着自动调节、安全保护、转换电路等作用。

2.2 认识继电器 SRD-05VDC-SL-C 模块

本次任务使用的继电器为松乐（SONGLE）SRD-05VDC-SL-C 模块，是一种电控制的开关器件，用一个小电流（低电压）去控制一个大电流（高电压）的开与关，如图 2-31 所示。

项目2　传感器基本装置的设计与制作

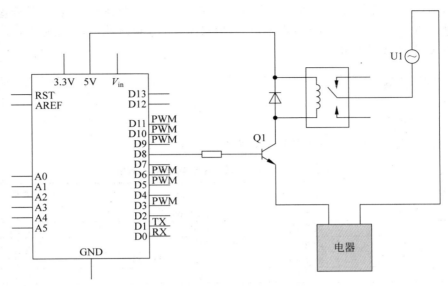

图 2-29　自动控制装置电路原理图

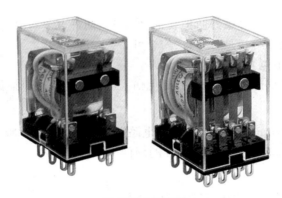

图 2-30　继电器

图 2-31　SRD-05VDC-SL-C 继电器模块

SRD-05VDC-SL-C 继电器模块有一个输入回路（图 2-31 右边），一般接低压电源，有一个输出回路（图 2-31 左边），一般接高压电源。

输入回路有三个引脚构成，分别是 V_{CC}、GND 和 IN。其中，V_{CC} 接 5V 电源，GND 接地，IN 为信号端接数字端口。

输出回路有三个触点，中间的触点是动触点（公共端），其他两个触点是静触点（即常开端和常闭端)。输入回路不通电时,动触点(公共端)总是和一个静触点断开(常开端),与另一个静触点闭合(常闭端);输入回路通电后,原来闭合的呈断开状态,即动触点(公共端)与常开端闭合,与常闭端断开。

3. 工作实施

3.1 材料准备

本次任务所需电子元器件材料清单如表 2-5 所示。

表 2-5 任务 2-5 所需电子元器件材料清单

序号	元器件名称	规　　格	数量
1	开发板	Arduino Uno	1个
2	数据线	USB	1条
3	面包板	MB-102	1个
4	继电器	SRD-05VDC-SL-C	1个
5	跳线	引脚	若干

3.2 安全事项

(1) 作业前请检查是否穿戴好防护装备(护目镜、防静电手套等)。
(2) 检查电源及设备材料是否齐备、安全可靠。
(3) 检查开发板、继电器有无损坏或异常。
(4) 作业时要注意摆放好设备材料,避免伤人或造成设备材料损伤。

3.3 任务实施

第 1 步:使用 Fritzing 软件设计和绘制电路设计图,如图 2-32 所示。根据电路设计图,完成 Arduino Uno 开发板及其他电子元件的硬件连接。

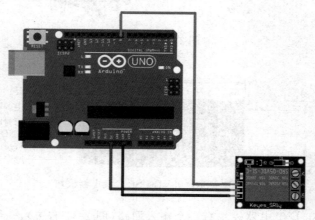

图 2-32 任务 2-5 电路设计

第 2 步:创建 Arduino 程序"demo_2_5"。程序代码如下。

```
int relayPin = 8;              //定义数字端口 8
void setup()
```

```
{
    pinMode(relayPin, OUTPUT);        //定义 relayPin 为输出端口
}
void loop()
{
    digitalWrite(relayPin, HIGH);     //驱动继电器闭合导通
    delay(1000);                      //延时 1s
    digitalWrite(relayPin, LOW);      //驱动继电器断开
    delay(1000);                      //延时 1s
}
```

第 3 步：编译并上传程序至开发板，查看运行效果，如图 2-33 所示。

图 2-33 任务 2-5 运行效果

4. 技术知识

继电器模块如图 2-34 所示。

继电器（电磁式）一般由铁心、线圈、衔铁、触点簧片等组成，如图 2-35 所示。只要在线圈两端加上一定的电压，线圈中就会流过一定的电流，从而产生电磁效应，衔铁就会在电磁力吸引的作用下克服返回弹簧的拉力吸向铁心，从而带动衔铁的动触点与静触点（常开触点）吸合。当线圈断电后，电磁的吸力也随之消失，衔铁就会在弹簧的反作用力下返回原来的位置，使动触点与原来的静触点（常闭触点）释放。这样吸合、释放，从而达到在电路中导通、切断的目的。对于继电器的"常开、常闭"触点，可以这样来区分：继电器线圈未通电时处于断开状态的静触点，称为"常开触点"；处于接通状态的静触点，称为"常闭触点"。

图 2-34 继电器模块

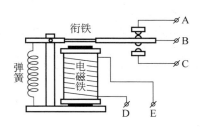

图 2-35 继电器原理

5. 拓展任务

使用 Arduino Uno 开发板和继电器实现微型电风扇的设计与制作,如图 2-36 所示。

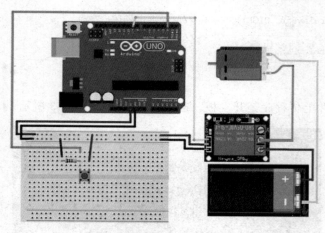

图 2-36　任务 2-5 拓展训练

6. 工作评价

6.1　考核评价

项目	考核内容		考核评分		
	内　　容	配分	得分	批注
工作 准备 (30%)	能够正确理解工作任务 2-5 的内容、范围及工作指令	10		
	能够查阅和理解技术手册,确认继电器技术标准及要求	5		
	使用个人防护用品或衣着适当,能正确使用防护用品	5		
	准备工作场地及器材,能够识别工作场地的安全隐患	5		
	确认设备及工具、量具,检查其是否安全及能否正常工作	5		
实施 程序 (50%)	正确辨识工作任务所需的 Arduino Uno 开发板、继电器	10		
	正确检查 Arduino Uno 开发板、继电器有无损坏或异常	10		
	正确选择 USB 数据线和跳线	10		
	正确选用工具进行规范操作,完成装置安装、调试和维护	10		
	安全无事故并在规定时间内完成任务	10		
完工 清理 (20%)	收集和储存可以再利用的原材料、余料	5		
	按照维护工作程序,清洁垃圾、清洁和整理工作区域	5		
	对开发板、继电器、工具及设备进行清洁	5		
	按照工作程序,填写完成作业单	5		
考核 评语		考核 成绩		
	考核人员:　　　　　　日期:　　　年　月　日			

6.2 导师评价

评价项目	评价内容	评价成绩	备注
工作准备	任务领会、资讯查询、器材准备	□A □B □C □D □E	
知识储备	系统认知、原理分析、技术参数	□A □B □C □D □E	
计划决策	任务分析、任务流程、实施方案	□A □B □C □D □E	
任务实施	专业能力、沟通能力、实施结果	□A □B □C □D □E	
职业道德	纪律素养、安全卫生、器材维护	□A □B □C □D □E	
其他评价			
教师签字:	日期:	年 月 日	

注：在选项"□"里打"√"，其中 A：90~100 分；B：80~89 分；C：70~79 分；D：60~69 分；E：不合格。

任务 2-6　步进电机装置的设计与制作

1. 工作任务

【任务目标】

使用 Arduino Uno 开发板编程控制步进电机的运行。

【任务描述】

步进电机是一种将电脉冲转化为角位移的执行机构。当步进驱动器接收到一个脉冲信号，它就驱动步进电机按设定的方向转动一个固定的角度(即步进角)。可以通过控制脉冲个数来控制角位移量，从而达到准确定位的目的；同时可以通过控制脉冲频率来控制电机转动的速度和加速度，从而达到调速的目的。

步进电机是一种常用的机电小设备，也是嵌入式系统中常用的电子元件。本次任务将讲授使用 Arduino Uno 开发板编程实现对步进电机的运行控制。

【任务分析】

本次任务使用 UNL2003 驱动板连接并驱动步进电机。通过 Arduino Uno 开发板的 4 个数字端口连接到 UNL2003 驱动板的 4 路连接端口(控制端口)；步进电机则直接连接到 UNL2003 驱动板的 5 路连接端口(步进电机接口)。电路原理如图 2-37 所示。

2. 任务资料

2.1　认识步进电机

步进电机是一种将电脉冲信号转换成相应角位移或线位移的电动机。每输入一个脉冲信号，转子就转动一个角度或前进一步，其输出的角位移或线位移与输入的脉冲数成正比，转速与脉冲频率成正比。因此，步进电机又称脉冲电机。本次任务使用的步进电机型号为 28BYJ-48，如图 2-38 所示，采用 1 相励磁方式驱动，通过给 A、B、C、D 四相依次通电实现转子不停地转动。

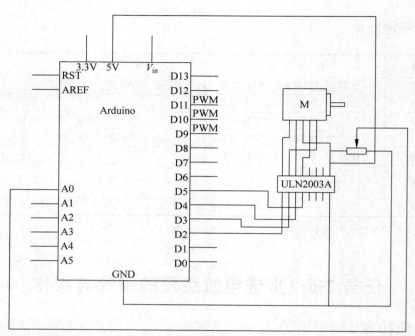

图 2-37 步进电机装置电路原理图

2.2 认识步进电机驱动板 ULN2003

由于 Arduino 开发板的通用 I/O 驱动能力有限,有些外设不能直接使用 I/O 进行驱动,需要借助一些驱动电路间接控制大功率器件。ULN2003 是大电流驱动板模块,多用于 Arduino 开发板、智能仪表、PLC、数字量输出卡等控制电路中,可直接驱动继电器等负载(图 2-39)。

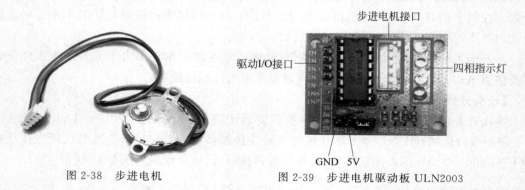

图 2-38 步进电机　　　　图 2-39 步进电机驱动板 ULN2003

ULN2003 驱动板上有 IN1、IN2、IN3、IN4 4 个引脚,用于连接 Arduino Uno 开发板的数字端口,另外 ULN2003 驱动板上还有 2 个电源引脚,分别是＋、－引脚,可以分别连接到 Arduino Uno 开发板的 5V、GND。

3. 工作实施

3.1 材料准备

本次任务所需电子元器件材料清单如表 2-6 所示。

表 2-6 任务 2-6 所需电子元器件材料清单

序号	元器件名称	规　　格	数量
1	开发板	Arduino Uno	1个
2	数据线	USB	1条
3	面包板	MB-102	1个
4	步进电机	28BYJ-48	1个
5	驱动板	ULN2003A	1个
6	跳线	引脚	若干

3.2 安全事项

（1）作业前请检查是否穿戴好防护装备（护目镜、防静电手套等）。
（2）检查电源及设备材料是否齐备、安全可靠。
（3）检查开发板、步进电机、驱动板有无损坏或异常。
（4）作业时要注意摆放好设备材料，避免伤人或造成设备材料损伤。

3.3 任务实施

第 1 步：使用 Fritzing 软件设计和绘制电路设计图，如图 2-40 所示。根据电路设计图，完成 Arduino Uno 开发板及其他电子元件的硬件连接。

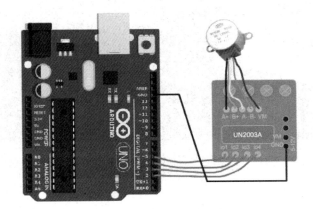

图 2-40　任务 2-6 电路设计图

第 2 步：创建 Arduino 程序"demo_2_6"。程序代码如下。

```
void setup() {
  for (int i = 2; i < 6; i++) {
    pinMode(i, OUTPUT);
  }
}
void clockwise(int num){
  for (int count = 0; count < num; count++) {
    for (int i = 2; i < 6; i++) {
      digitalWrite(i, HIGH);
      delay(3);
      digitalWrite(i, LOW);
    }
```

```
    }
  }
void anticlockwise(int num){
  for (int count = 0; count < num; count++) {
    for (int i = 5; i > 1; i-- ) {
      digitalWrite(i, HIGH);
      delay(3);
      digitalWrite(i, LOW);
    }
  }
}
void loop() {
  clockwise(512);
  delay(10);
  anticlockwise(512);
}
```

第3步：编译并上传程序至开发板，查看运行效果，如图 2-41 所示。

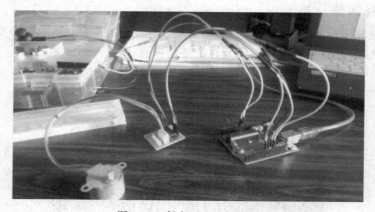

图 2-41　任务 2-6 运行效果

4. 技术知识

4.1　步进电机

步进电机（图 2-42）是将电脉冲信号转变为角位移或线位移的开环控制电机，是现代数字程序控制系统中的主要执行元件，应用极为广泛。在非超载的情况下，电机的转速、停止的位置只取决于脉冲信号的频率和脉冲数，而不受负载变化的影响，当步进驱动器接收到一个脉冲信号时，它就驱动步进电机按设定的方向转动一个固定的角度，称为"步距角"，它的旋转是以固定的角度一步一步运行的。可以通过控制脉冲个数来控制角位移量，从而达到准确定位的目的；同时可以通过控制脉冲频率来控制电机转动的速度和加速度，从而达到调速的目的。

4.2　步进电机驱动板 ULN2003

使用 Arduino Uno 开发板实现对步进电机的控制，需要通过步进电机驱动板进行连接。一般常用的步进电机驱动板为 ULN2003，如图 2-43 所示。

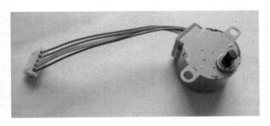

图 2-42　步进电机　　　　　　图 2-43　ULN2003 驱动板

本次任务在使用 Arduino Uno 开发板与步进电机的硬件连接中，ULN2003 驱动板上 IN1、IN2、IN3、IN4 分别连接 Arduino Uno 开发板的数字引脚 2、3、4、5；驱动板电源输入 ＋、－引脚分别连接 Arduino Uno 开发板的 5V、GND。如果使用电位器，则电位器中间引脚连接 Arduino Uno 开发板模拟引脚 A0，电位器两端引脚分别连接 Arduino Uno 开发板的 5V 和 GND。

5. 拓展任务

使用 Arduino Uno 开发板和电位器实现对步进电机的控制，电路设计如图 2-44 所示。

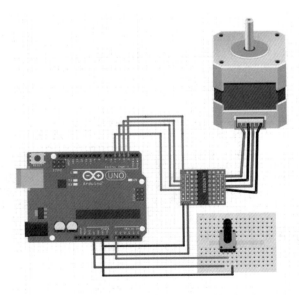

图 2-44　任务 2-6 拓展训练

6. 工作评价

6.1 考核评价

项目	考核内容		考核评分		
	内　　容		配分	得分	批注
工作准备（30%）	能够正确理解工作任务 2-6 的内容、范围及工作指令		10		
	能够查阅和理解技术手册,确认步进电机、驱动板技术标准及要求		5		
	使用个人防护用品或衣着适当,能正确使用防护用品		5		
	准备工作场地及器材,能够识别工作场地的安全隐患		5		
	确认设备及工具、量具,检查其是否安全及能否正常工作		5		
实施程序（50%）	正确辨识工作任务所需的 Arduino Uno 开发板、步进电机、驱动板		10		
	正确检查 Arduino Uno 开发板、步进电机、驱动板有无损坏或异常		10		
	正确选择 USB 数据线和跳线		10		
	正确选用工具进行规范操作,完成装置安装、调试和维护		10		
	安全无事故并在规定时间内完成任务		10		
完工清理（20%）	收集和储存可以再利用的原材料、余料		5		
	按照维护工作程序,清洁垃圾、清洁和整理工作区域		5		
	对开发板、步进电机、驱动板、工具及设备进行清洁		5		
	按照工作程序,填写完成作业单		5		
考核评语			考核成绩		
	考核人员：	日期：　　年　月　日			

6.2 导师评价

评价项目	评价内容	评价成绩	备注
工作准备	任务领会、资讯查询、器材准备	□A □B □C □D □E	
知识储备	系统认知、原理分析、技术参数	□A □B □C □D □E	
计划决策	任务分析、任务流程、实施方案	□A □B □C □D □E	
任务实施	专业能力、沟通能力、实施结果	□A □B □C □D □E	
职业道德	纪律素养、安全卫生、器材维护	□A □B □C □D □E	
其他评价			
教师签字：		日期：　　年　月　日	

注：在选项"□"里打"√",其中 A：90～100 分；B：80～89 分；C：70～79 分；D：60～69 分；E：不合格。

任务 2-7 舵机控制装置的设计与制作

1. 工作任务

【任务目标】

使用 Arduino Uno 开发板编程控制舵机的运行。

【任务描述】

舵机是电机的一种,是一种位置伺服的驱动电机,它可以设定转到的位置,是 Arduino 机器人中的常用元件。舵机主要是由外壳、电路板、无核心马达、齿轮与位置检测器所构成。本次任务将通过 Arduino Uno 开发板编程控制舵机的运转来了解其工作情况。

【任务分析】

舵机工作原理:由控制器或开发板发出信号给舵机,其内部有一个基准电路,产生周期为 20ms,宽度为 1.5ms 的基准信号,将获得的直流偏置电压与电位器的电压比较,获得电压差输出。舵机及其引线结构如图 2-45 所示。

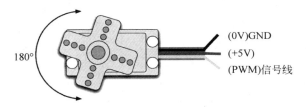

图 2-45 舵机及其引线结构

2. 任务资料

2.1 认识舵机

舵机是一种位置(角度)伺服的驱动器,如图 2-46 所示,适用于那些需要角度不断变化并可以保持的控制系统。舵机主要是由外壳、电路板、驱动马达、减速器与位置检测元件所构成。其工作原理是由接收机发出信号给舵机,经由电路板上的 IC 驱动无核心马达开始转动,透过减速齿轮将动力传至摆臂,同时由位置检测器送回信号,判断是否已经到达定位。位置检测器其实就是可变电阻,当舵机转动时电阻值也会随之改变,通过检测电阻值便可知转动的角度。

2.2 认识 SG90 舵机

SG90 舵机是一款常用的舵机,如图 2-47 所示。其舵机内部有一个基准电压,微处理器产生的 PWM 信号通过信号线进入舵机产生直流偏置电压,与舵机内部的基准电压作比较,获得电压差输出。电压差的正负输出到电机驱动芯片上,从而决定正反转。当舵机开始旋转的时候,舵机内部通过级联减速齿轮带动电位器旋转,使得电压差为零,电机停止转动。

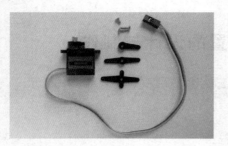
图 2-46 舵机

图 2-47 SG90 舵机(1)

3. 工作实施

3.1 材料准备

本次任务所需电子元器件材料清单如表 2-7 所示。

表 2-7 任务 2-7 所需电子元器件材料清单

序号	元器件名称	规　　格	数量
1	开发板	Arduino Uno	1个
2	数据线	USB	1条
3	面包板	MB-201	1个
4	舵机	SG90	1个
5	跳线	引脚	若干

3.2 安全事项

(1) 作业前请检查是否穿戴好防护装备(护目镜、防静电手套等)。
(2) 检查电源及设备材料是否齐备、安全可靠。
(3) 检查开发板、舵机模块有无损坏或异常。
(4) 作业时要注意摆放好设备材料,避免伤人或造成设备材料损伤。

3.3 任务实施

第 1 步：使用 Fritzing 软件设计和绘制电路设计图,如图 2-48 所示。根据电路设计图,完成 Arduino Uno 开发板及其他电子元件的硬件连接。

第 2 步：创建 Arduino 程序"demo_2_7"。程序代码如下。

```
#include <Servo.h>
Servo myservo;
unsigned char angle;
void setup(){
  myservo.attach(9);
}
void loop(){
  for(angle = 0;angle < 180;angle++){
    myservo.write(angle);
    delay(10);
  }
```

```
  for(angle = 180;angle > 0;angle -- ){
    myservo.write(angle);
    delay(10);
  }
}
```

第3步：编译并上传程序至开发板，查看运行效果，如图 2-49 所示。

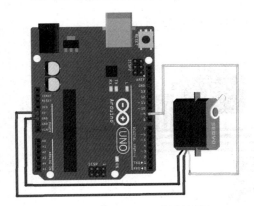

图 2-48　任务 2-7 电路设计图

图 2-49　任务 2-7 运行效果

4. 技术知识

4.1　舵机

舵机是电机的一种，又被称为伺服电机。它和步进电机有异曲同工之妙，步进电机是可以设定转过多少角度，而舵机是可以设定转到的位置，可以说是"指哪儿打哪儿"。在机器人上，舵机的应用非常广泛。

4.2　SG90 舵机

本次任务使用的舵机型号为 SG90（图 2-50）。它有三根线，红色的为电源线（5V），棕色的为 GND，橙色的为信号线。橙色线一般连到数字引脚 9 或 10。Arduino Uno 开发板通过橙色线传输数据实现对舵机的控制，如图 2-51 所示。

图 2-50　SG90 舵机（2）

图 2-51　舵机与开发板的连接

使用 Arduino Uno 开发板控制舵机有两种方法：第一种是通过 Arduino 的普通数字传感器接口产生占空比不同的方波，模拟产生 PWM 信号进行舵机定位；第二种是直接利用 Arduino IDE 自带的 Servo 函数进行舵机的控制。

5. 拓展任务

使用 Arduino Uno 开发板实现对多个舵机的控制，如图 2-52 所示。

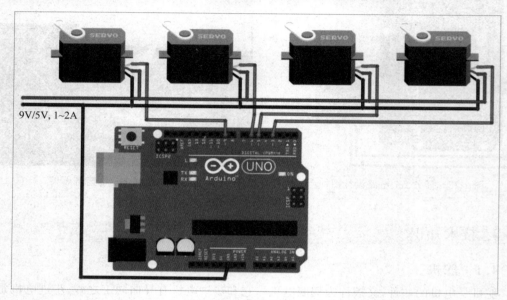

图 2-52　任务 2-7 拓展训练

6. 工作评价

6.1 考核评价

项目	考核内容		考核评分		
	内　容		配分	得分	批注
工作准备（30%）	能够正确理解工作任务 2-7 的内容、范围及工作指令		10		
	能够查阅和理解技术手册，确认舵机模块技术标准及要求		5		
	使用个人防护用品或衣着适当，能正确使用防护用品		5		
	准备工作场地及器材，能够识别工作场地的安全隐患		5		
	确认设备及工具、量具，检查其是否安全及能否正常工作		5		
实施程序（50%）	正确辨识工作任务所需的 Arduino Uno 开发板、舵机模块		10		
	正确检查 Arduino Uno 开发板、舵机模块有无损坏或异常		10		
	正确选择 USB 数据线和跳线		10		
	正确选用工具进行规范操作，完成装置安装、调试和维护		10		
	安全无事故并在规定时间内完成任务		10		

续表

考核内容		考核评分		
项目	内容	配分	得分	批注
完工清理（20%）	收集和储存可以再利用的原材料、余料	5		
	按照维护工作程序，清洁垃圾、清洁和整理工作区域	5		
	对开发板、舵机模块、工具及设备进行清洁	5		
	按照工作程序，填写完成作业单	5		
考核评语	考核人员：　　　日期：　　年　月　日	考核成绩		

6.2 导师评价

评价项目	评价内容	评价成绩	备注
工作准备	任务领会、资讯查询、器材准备	□A □B □C □D □E	
知识储备	系统认知、原理分析、技术参数	□A □B □C □D □E	
计划决策	任务分析、任务流程、实施方案	□A □B □C □D □E	
任务实施	专业能力、沟通能力、实施结果	□A □B □C □D □E	
职业道德	纪律素养、安全卫生、器材维护	□A □B □C □D □E	
其他评价			
教师签字：		日期：　　　年　月　日	

注：在选项"□"里打"√"，其中 A：90～100 分；B：80～89 分；C：70～79 分；D：60～69 分；E：不合格。

任务 2-8　PS2 摇杆装置的设计与制作

1. 工作任务

【任务目标】

使用 Arduino Uno 开发板编程实现对 PS2 摇杆的控制。

【任务描述】

在生活中，我们遥控汽车、无人机、机器人等电子设备时，通常都会使用 PS2 摇杆。本次任务用 Arduino Uno 开发板编程实现对 PS2 摇杆操作的控制。

PS2 摇杆一般可以用来控制机器人、无人机等，其构造主要是两个 10kΩ 的电位器，还有一个按键开关，如图 2-53 所示。五个引脚分别为 V_{CC}、X、Button(SEL)、Y、GND。

【任务分析】

PS2 摇杆的连接电路：将引脚 X(VERT)连接模拟端口 A0，引脚 Y(HORZ)连接模拟端口

图 2-53　PS2 摇杆(1)

A1，引脚 Button(SEL)连接数字端口。电路原理如图 2-54 所示。

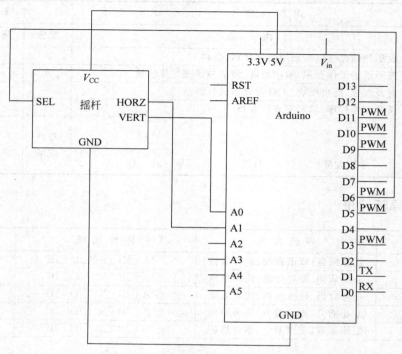

图 2-54　PS 摇杆装置电路原理图

2. 任务资料

PS2 摇杆即 PS2 双轴按键游戏摇杆模块，采用 SONY 公司 PS2 游戏手柄上按键摇杆设计，如图 2-55 所示。

PS2 摇杆特设二路模拟输出接口和一路数字输出接口，输出值分别对应 X、Y 双轴偏移量，其类型为模拟量；按键表示用户是否在 Z 轴上按下，其类型为数字开关量。模块集成电源指示灯可显示工作状态；坐标标识符清晰简明、准确定位；用其可以轻松控制物体（如二自由度舵机云台）在二维空间运动，可以通过 Arduino 控制器编程，完成具有创意性的遥控互动作品。该模块具有 X、Y 两轴模拟输出，Z 轴 1 路按钮数字输出。

PS2 摇杆结构如图 2-56 所示。

图 2-55　PS2 摇杆(2)

图 2-56　PS2 摇杆结构

3. 工作实施

3.1 材料准备

本次任务所需电子元器件材料清单如表 2-8 所示。

表 2-8 任务 2-8 所需电子元器件材料清单

序号	元器件名称	规格	数量
1	开发板	Arduino Uno	1 个
2	数据线	USB	1 条
3	面包板	MB-201	1 个
4	PS2 摇杆	XY 双轴传感器模块	1 个
5	跳线	引脚	若干

3.2 安全事项

（1）作业前请检查是否穿戴好防护装备（护目镜、防静电手套等）。
（2）检查电源及设备材料是否齐备、安全可靠。
（3）检查开发板、PS2 摇杆有无损坏或异常。
（4）作业时要注意摆放好设备材料，避免伤人或造成设备材料损伤。

3.3 任务实施

第 1 步：使用 Fritzing 软件设计和绘制电路设计图，如图 2-57 所示。根据电路设计图，完成 Arduino Uno 开发板及其他电子元件的硬件连接。

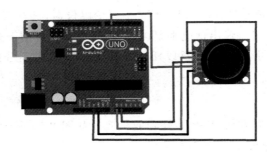

图 2-57 任务 2-8 电路设计

第 2 步：创建 Arduino 程序"demo_2_8"。程序代码如下。

```
int value = 0;
int zPin = 6;
void setup(){
  pinMode(zPin, INPUT_PULLUP);
  Serial.begin(9600);
}
void loop(){
  value = analogRead(A0);
  Serial.print("X:");
  Serial.print(value);
  value = analogRead(A1);
```

```
    Serial.print("|Y:");
    Serial.print(value);
    value = digitalRead(zPin);
    Serial.print("|Z:");
    Serial.println(value);
}
```

第 3 步：编译并上传程序至开发板，查看运行效果，如图 2-58 所示。

图 2-58　任务 2-8 运行效果

4. 技术知识

PS2 摇杆是遥控器上的常用组件，它常被用作控制智能小车行走的操作杆。PS2 摇杆实际上是一种双轴摇杆传感器模块，包含有 2 个可变电位器，具有 X、Y 两轴模拟输出，Z 轴 1 路按钮数字输出（按下去时输出低电平，反之输出高电平），可用于遥控器的操作杆。

PS2 摇杆含有 2 个可变电位器，可以任意方向操作，任意方向分别用 X 和 Y 轴表示。

5. 拓展任务

使用 Arduino Uno 开发板、PS2 摇杆和舵机实现如图 2-59 所示装置的制作，要求通过 PS2 遥控控制舵机的运行转动。

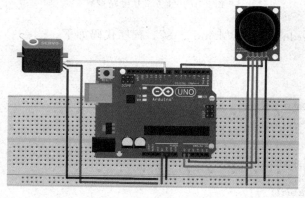

图 2-59　任务 2-8 拓展训练

6. 工作评价

6.1 考核评价

项目	考核内容		考核评分		
	内 容		配分	得分	批注
工作准备（30%）	能够正确理解工作任务 2-8 的内容、范围及工作指令		10		
	能够查阅和理解技术手册，确认 PS2 摇杆技术标准及要求		5		
	使用个人防护用品或衣着适当，能正确使用防护用品		5		
	准备工作场地及器材，能够识别工作场地的安全隐患		5		
	确认设备及工具、量具，检查其是否安全及能否正常工作		5		
实施程序（50%）	正确辨识工作任务所需的 Arduino Uno 开发板、PS2 摇杆		10		
	正确检查 Arduino Uno 开发板、PS2 摇杆有无损坏或异常		10		
	正确选择 USB 数据线和跳线		10		
	正确选用工具进行规范操作，完成装置安装、调试和维护		10		
	安全无事故并在规定时间内完成任务		10		
完工清理（20%）	收集和储存可以再利用的原材料、余料		5		
	按照维护工作程序，清洁垃圾、清洁和整理工作区域		5		
	对开发板、PS2 摇杆、工具及设备进行清洁		5		
	按照工作程序，填写完成作业单		5		
考核评语	考核人员： 日期： 年 月 日		考核成绩		

6.2 导师评价

评价项目	评价内容	评价成绩	备注
工作准备	任务领会、资讯查询、器材准备	□A □B □C □D □E	
知识储备	系统认知、原理分析、技术参数	□A □B □C □D □E	
计划决策	任务分析、任务流程、实施方案	□A □B □C □D □E	
任务实施	专业能力、沟通能力、实施结果	□A □B □C □D □E	
职业道德	纪律素养、安全卫生、器材维护	□A □B □C □D □E	
其他评价			
教师签字：		日期： 年 月 日	

注：在选项"□"里打"√"，其中 A：90～100 分；B：80～89 分；C：70～79 分；D：60～69 分；E：不合格。

项目小结

本项目介绍了 Arduino 常用元件（如蜂鸣器、倾斜开关、继电器、步进电机、舵机、PS2 摇杆等电子元件）的应用，并重点介绍了使用 Arduino Uno 开发板控制这些电子元件的电路设计、硬件连接、程序编码,以及调试运行方式。

项目要点:熟练掌握蜂鸣器、倾斜开关、继电器、步进电机、舵机、PS 摇杆等模块的使用方法,熟练掌握 Arduino Uno 开发板控制这些电子元件的电路设计和程序设计方法与技巧。

项 目 评 价

在本项目教学和实施过程中,教师和学生可以根据以下项目考核评价表对各项任务进行考核评价。考核主要针对学生在技术知识、任务实施(技能情况)、拓展任务(实战训练)的掌握程度和完成效果进行评价。

工作任务	评价内容									
	技术知识		任务实施		拓展任务		完成效果		总体评价	
	个人评价	教师评价	个人评价	教师评价	个人评价	教师评价	个人评价	教师评价	个人评价	教师评价
任务 2-1										
任务 2-2										
任务 2-3										
任务 2-4										
任务 2-5										
任务 2-6										
任务 2-7										
任务 2-8										
存在问题与解决办法(应对策略)										
学习心得与体会分享										

实 训 与 讨 论

一、实训题

1. 使用 Arduino Uno 开发板和舵机设计制作电动云台。
2. 使用 Arduino Uno 开发板和蜂鸣器设计制作音乐盒。

二、讨论题

如何使用 Arduino Uno 开发板和步进电机设计制作电动控制的旋转台?

项目 3

传感器显示装置的设计与制作

知识目标

- ◆ 认识一位数码管、四位数码管、8×8 点阵、LCD1602、OLED 等显示模块。
- ◆ 了解一位数码管等显示模块的工作原理与电路连接。
- ◆ 掌握 Arduino Uno 开发板编程控制一位数码管等模块编程显示的方法和技巧。

技能目标

- ◆ 懂一位数码管等显示模块的使用。
- ◆ 会使用 Arduino Uno 开发板编程控制一位数码管等模块的显示。
- ◆ 能使用 Arduino Uno 开发板和显示模块开发项目。

素质目标

- ◆ 具备显示电路制作的安全意识和操作规范。
- ◆ 具有精益求精的工匠精神。
- ◆ 养成良好的作业行为习惯。

工作任务

- ◆ 任务 3-1　挡位显示装置的设计与制作
- ◆ 任务 3-2　数字显示装置的设计与制作
- ◆ 任务 3-3　点阵图文显示装置的设计与制作
- ◆ 任务 3-4　液晶屏显示装置的设计与制作
- ◆ 任务 3-5　OLED 屏显示装置的设计与制作

任务 3-1　挡位显示装置的设计与制作

1. 工作任务

【任务目标】

使用 Arduino Uno 开发板编程实现一位数码管的数字循环显示。

【任务描述】

数码管是一种用于显示数字的电子元件,例如,电磁炉、全自动洗衣机、热水器、电子钟等的显示屏上都能见到数码管的身影。因此,掌握数码管的编程控制技术是非常必要和有用的。

本次任务采用 Arduino Uno 开发板作为控制器,编程实现对一位数码管数字循环显示的控制。

【任务分析】

一位数码管可以看成是由八段发光二极管组成的电子元件模块,所以在使用时与发光二极管类似,一般也要连接限流电阻,避免因电流过大而造成电子元件的损害。本次任务用的是共阴极的数码管,共阴极数码管在应用时应将公共极接到 GND,当某一字段发光二极管的阳极为低电平时,相应字段就熄灭;当某一字段的阳极为高电平时,相应字段就点亮。电路原理如图 3-1 所示。

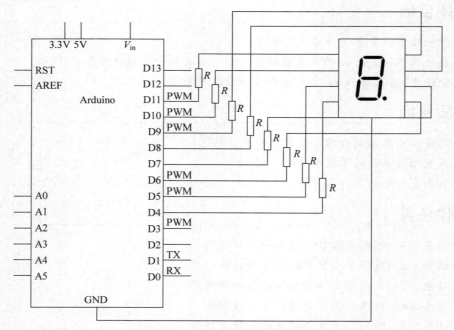

图 3-1　挡位显示装置电路原理图

2. 任务资料

2.1 认识数码管

数码管是一种可以显示数字和其他一些字符信息的常用电子元件(图 3-2)。数码管也称 LED 数码管,是由多个发光二极管封装在一起组成,按发光二极管单元连接方式可分为共阳极数码管和共阴极数码管。

共阳极数码管是指将所有发光二极管的阳极接到一起形成公共阳极(COM)的数码管,共阳极数码管在应用时应将公共极 COM 接到＋5V,当某一字段发光二极管的阴极为低电平时,相应字段点亮;当某一字段发光二极管的阴极为高电平时,相应字段不亮。

图 3-2 数码管

共阴极数码管是指将所有发光二极管的阴极接到一起形成公共阴极的数码管,共阴极数码管在应用时应将公共极 COM 接到地线 GND 上,当某一字段发光二极管的阳极为高电平时,相应字段点亮;当某一字段发光二极管的阳极为低电平时,相应字段不亮。

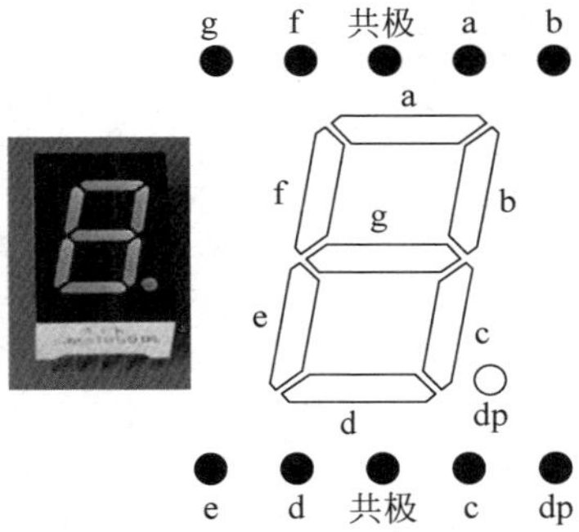

2.2 认识一位数码管

一位数码管是常见的用来显示数字的电子元件,如图 3-3 所示。通常由八段发光二极管封装在一起组成"8"字形状,外加一个小数点。数码管每一段都是一个独立的 LED,通过控制相应段 LED 的亮灭使其组成相应数字形状来显示数字。

一位数码管的 8 个 LED 并联在一起,根据公共引脚的不同,分为共阳极数码管和共阴极数码管两种。其区别就是公共引脚是 LED 灯的正极还是负极。

图 3-3 一位数码管(1)

3. 工作实施

3.1 材料准备

本次任务所需电子元器件材料清单如表 3-1 所示。

表 3-1 任务 3-1 所需电子元器件材料清单

序号	元器件名称	规　格	数量
1	开发板	Arduino Uno	1个
2	数据线	USB	1条
3	面包板	MB-201	1个
4	一位数码管	共阴极	1个
5	色环电阻	1kΩ	1个
6	跳线	引脚	若干

3.2 安全事项

(1) 作业前请检查是否穿戴好防护装备(护目镜、防静电手套等)。
(2) 检查电源及设备材料是否齐备、安全可靠。
(3) 检查开发板、一位数码管、色环电阻有无损坏或异常。
(4) 作业时要注意摆放好设备材料,避免伤人或造成设备材料损伤。

3.3 任务实施

第 1 步:使用 Fritzing 软件设计和绘制电路设计图,如图 3-4 所示。根据电路设计图,完成 Arduino Uno 开发板及其他电子元件的硬件连接。

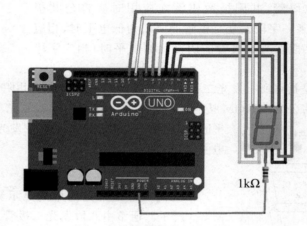

图 3-4 一位数码管电路设计

第 2 步:创建 Arduino 程序"demo_3_1"。程序代码如下。

```
int a = 7;                              //定义数字接口 7 连接 a 段数码管
int b = 6;                              //定义数字接口 6 连接 b 段数码管
int c = 5;                              //定义数字接口 5 连接 c 段数码管
int d = 10;                             //定义数字接口 10 连接 d 段数码管
int e = 11;                             //定义数字接口 11 连接 e 段数码管
int f = 8;                              //定义数字接口 8 连接 f 段数码管
int g = 9;                              //定义数字接口 9 连接 g 段数码管
int dp = 4;                             //定义数字接口 4 连接 dp 段数码管
void digital_0(void)                    //显示数字 5
{
  unsigned char j;
  digitalWrite(a,HIGH);
  digitalWrite(b,HIGH);
  digitalWrite(c,HIGH);
  digitalWrite(d,HIGH);
  digitalWrite(e,HIGH);
  digitalWrite(f,HIGH);
  digitalWrite(g,LOW);
  digitalWrite(dp,LOW);
}
void digital_1(void)                    //显示数字 1
```

```
{
    unsigned char j;
    digitalWrite(c,HIGH);              //给数字接口 5 引脚高电平,点亮 c 段
    digitalWrite(b,HIGH);              //点亮 b 段
    for(j = 7;j <= 11;j++)             //熄灭其余段
    digitalWrite(j,LOW);
    digitalWrite(dp,LOW);              //熄灭小数点 dp 段
}
void digital_2(void)                   //显示数字 2
{
    unsigned char j;
    digitalWrite(b,HIGH);
    digitalWrite(a,HIGH);
    for(j = 9;j <= 11;j++)
    digitalWrite(j,HIGH);
    digitalWrite(dp,LOW);
    digitalWrite(c,LOW);
    digitalWrite(f,LOW);
}
void digital_3(void)                   //显示数字 3
{
    digitalWrite(g,HIGH);
    digitalWrite(a,HIGH);
    digitalWrite(b,HIGH);
    digitalWrite(c,HIGH);
    digitalWrite(d,HIGH);
    digitalWrite(dp,LOW);
    digitalWrite(f,LOW);
    digitalWrite(e,LOW);
}
void digital_4(void)                   //显示数字 4
{
    digitalWrite(c,HIGH);
    digitalWrite(b,HIGH);
    digitalWrite(f,HIGH);
    digitalWrite(g,HIGH);
    digitalWrite(dp,LOW);
    digitalWrite(a,LOW);
    digitalWrite(e,LOW);
    digitalWrite(d,LOW);
}
void digital_5(void)                   //显示数字 5
{
    unsigned char j;
    digitalWrite(a,HIGH);
    digitalWrite(b, LOW);
    digitalWrite(c,HIGH);
    digitalWrite(d,HIGH);
    digitalWrite(e, LOW);
    digitalWrite(f,HIGH);
    digitalWrite(g,HIGH);
```

```c
      digitalWrite(dp,LOW);
}
void digital_6(void)                //显示数字 6
{
   unsigned char j;
   for(j = 7;j <= 11;j++)
   digitalWrite(j,HIGH);
   digitalWrite(c,HIGH);
   digitalWrite(dp,LOW);
   digitalWrite(b,LOW);
}
void digital_7(void)                //显示数字 7
{
   unsigned char j;
   for(j = 5;j <= 7;j++)
   digitalWrite(j,HIGH);
   digitalWrite(dp,LOW);
   for(j = 8;j <= 11;j++)
   digitalWrite(j,LOW);
}
void digital_8(void)                //显示数字 8
{
   unsigned char j;
   for(j = 5;j <= 11;j++)
   digitalWrite(j,HIGH);
   digitalWrite(dp,LOW);
}
void digital_9(void)                //显示数字 9
{
   unsigned char j;
   digitalWrite(a,HIGH);
   digitalWrite(b,HIGH);
   digitalWrite(c,HIGH);
   digitalWrite(d,HIGH);
   digitalWrite(e, LOW);
   digitalWrite(f,HIGH);
   digitalWrite(g,HIGH);
   digitalWrite(dp,LOW);
}
void setup()
{
   int i;                           //定义变量
   for(i = 4;i <= 11;i++)
   pinMode(i,OUTPUT);               //设置 4~11 引脚为输出模式
}
void loop()
{
   while(1)
   {
      digital_0();                  //显示数字 0
      delay(1000);                  //延时 1s
```

```
    digital_1();              //显示数字 1
    delay(1000);              //延时 1s
    digital_2();              //显示数字 2
    delay(1000);              //延时 1s
    digital_3();              //显示数字 3
    delay(1000);              //延时 1s
    digital_4();              //显示数字 4
    delay(1000);              //延时 1s
    digital_5();              //显示数字 5
    delay(1000);              //延时 1s
    digital_6();              //显示数字 6
    delay(1000);              //延时 1s
    digital_7();              //显示数字 7
    delay(1000);              //延时 1s
    digital_8();              //显示数字 8
    delay(1000);              //延时 1s
    digital_9();              //显示数字 9
    delay(1000);              //延时 1s
  }
}
```

第 3 步：编译并上传程序至开发板。查看运行效果，如图 3-5 所示。

图 3-5　任务 3-1 运行效果

4. 技术知识

4.1　一位数码管

一位数码管（图 3-6）实际上是由七个发光二极管组成的"8"字形构成的，再加上旁边的小数点总共就是 8 段发光二极管。一般地，这 8 段分别由字母 a、b、c、d、e、f、g、dp 来表示。当这些发光二极管段加上电压后，就会发亮，形成我们眼睛看到的字样。一位数码管有一般亮和超亮等型号模块，也有 0.5 寸、

图 3-6　一位数码管（2）

1寸等不同尺寸的模块。小尺寸的显示笔画常用一个发光二极管组成,而大尺寸的显示笔画由两个或多个发光二极管组成,一般情况下,单个发光二极管的管压降为1.8V左右,电流不超过30mA。

4.2 共阴极与共阳极数码管

发光二极管的阳极连接到一起并接到电源正极的称为共阳,发光二极管的阴极连接到一起并接到电源负极的称为共阴。图3-7所示是共阴极和共阳极一位数码管电路原理图。

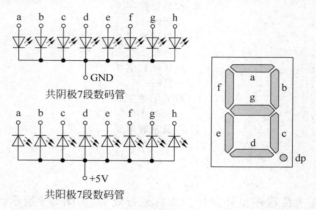

图3-7 共阴极与共阳极数码管

5. 拓展任务

使用Arduino Uno开发板、一位数码管以及电位计设计与制作一个数字显示装置。当旋转电位计时,一位数码管显示对应的数字,如图3-8所示。

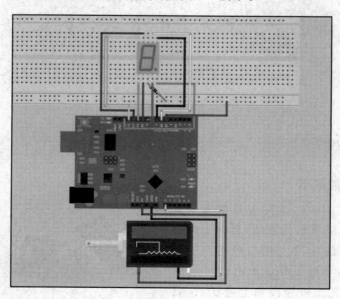

图3-8 任务3-1拓展训练

6. 工作评价

6.1 考核评价

项目	考核内容		考核评分		
	内容		配分	得分	批注
工作准备（30%）	能够正确理解工作任务 3-1 的内容、范围及工作指令		10		
	能够查阅和理解技术手册，确认一位数码管、色环电阻技术标准及要求		5		
	使用个人防护用品或衣着适当，能正确使用防护用品		5		
	准备工作场地及器材，能够识别工作场地的安全隐患		5		
	确认设备及工具、量具，检查其是否安全及能否正常工作		5		
实施程序（50%）	正确辨识工作任务所需的 Arduino Uno 开发板、一位数码管、色环电阻		10		
	正确检查 Arduino Uno 开发板、一位数码管、色环电阻有无损坏或异常		10		
	正确选择 USB 数据线		10		
	正确选用工具进行规范操作，完成装置安装、调试和维护		10		
	安全无事故并在规定时间内完成任务		10		
完工清理（20%）	收集和储存可以再利用的原材料、余料		5		
	按照维护工作程序，清洁垃圾、清洁和整理工作区域		5		
	对开发板、一位数码管、色环电阻、工具及设备进行清洁		5		
	按照工作程序，填写完成作业单		5		
考核评语			考核成绩		
	考核人员： 日期： 年 月 日				

6.2 导师评价

评价项目	评价内容	评价成绩	备注
工作准备	任务领会、资讯查询、器材准备	□A □B □C □D □E	
知识储备	系统认知、原理分析、技术参数	□A □B □C □D □E	
计划决策	任务分析、任务流程、实施方案	□A □B □C □D □E	
任务实施	专业能力、沟通能力、实施结果	□A □B □C □D □E	
职业道德	纪律素养、安全卫生、器材维护	□A □B □C □D □E	
其他评价			
教师签字：		日期： 年 月 日	

注：在选项"□"里打"√"，其中 A：90～100 分；B：80～89 分；C：70～79 分；D：60～69 分；E：不合格。

任务 3-2 数字显示装置的设计与制作

1. 工作任务

【任务目标】

使用 Arduino Uno 开发板编程控制四位数码管的显示。

【任务描述】

四位数码管是一种半导体发光器件,其基本单元是发光二极管。从外观上看,像是由 4 个一位数码管拼接在一起组成。事实上四位数码管的内部电路已经被优化整合,其模块引脚与一位数码管引脚有所不同。

本次任务使用 Arduino Uno 开发板编程实现共阴极四位数码管的显示,并以此制作一个数字显示屏。

【任务分析】

使用开发板驱动四位数码管。驱动数码管限流电阻必不可少。限流电阻有两种接法,一种是在 d1~d4 阳极接,总共接 4 个。这种接法的好处是需求电阻比较少,但是会产生每一位上显示不同数字亮度会不一样(1 最亮,8 最暗)的情况。另外一种接法就是 8 个引脚都接上,这种接法亮度显示均匀,但是使用的电阻较多。

2. 任务资料

2.1 认识四位数码管

四位数码管把 4 个一位数码管封装在一起,如图 3-9 所示。四位数码管的内部是将单个一位数码管的段选线 a、b、c、d、e、f、g、dp 对应连接在一起,公共极则相互独立。使用时分别通过控制不同的位选线(即单个一位数码管的公共极)来控制单个数码管的显示。以人眼难以分辨的速度进行刷新显示,即可达到四位数码管同时显示的效果。

2.2 认识四位数码管引脚

四位数码管引脚分布如图 3-10 所示,其中 1、2、3、4 表示对应位数码管的公共极。a、b、c、d、e、f、g、dp 引脚用于控制一位数码管的八段 LED 显示。

图 3-9　四位数码管

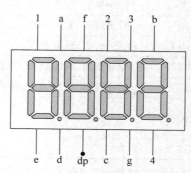

图 3-10　四位数码管引脚

3. 工作实施

3.1 材料准备

本次任务所需电子元器件材料清单如表 3-2 所示。

表 3-2 任务 3-2 所需电子元器件材料清单

序号	元器件名称	规格	数量
1	开发板	Arduino Uno	1个
2	数据线	USB	1条
3	面包板	MB-201	1个
4	四位数码管	共阴极	1个
5	色环电阻	220Ω	8个
6	跳线	引脚	若干

3.2 安全事项

（1）作业前请检查是否穿戴好防护装备（护目镜、防静电手套等）。
（2）检查电源及设备材料是否齐备、安全可靠。
（3）检查开发板、四位数码管、色环电阻有无损坏或异常。
（4）作业时要注意摆放好设备材料，避免伤人或造成设备材料损伤。

3.3 任务实施

第 1 步：使用 Fritzing 软件设计和绘制电路设计图，如图 3-11 所示。根据电路设计图，完成 Arduino Uno 开发板及其他电子元件的硬件连接。

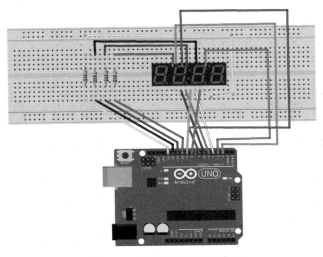

图 3-11 任务 3-2 电路设计图

第 2 步：创建 Arduino 程序"demo_3_2"。程序代码如下。

```
#define d_a 2
#define d_b 3
```

```c
#define d_c 4
#define d_d 5
#define d_e 6
#define d_f 7
#define d_g 8
#define d_h 9
#define COM1 10
#define COM2 11
#define COM3 12
#define COM4 13
//数码管 0~F 码值
unsigned char num[17][8] =
{
  // a, b, c, d, e, f, g, h
  {1, 1, 1, 1, 1, 1, 0, 0},          //0
  {0, 1, 1, 0, 0, 0, 0, 0},          //1
  {1, 1, 0, 1, 1, 0, 1, 0},          //2
  {1, 1, 1, 1, 0, 0, 1, 0},          //3
  {0, 1, 1, 0, 0, 1, 1, 0},          //4
  {1, 0, 1, 1, 0, 1, 1, 0},          //5
  {1, 0, 1, 1, 1, 1, 1, 0},          //6
  {1, 1, 1, 0, 0, 0, 0, 0},          //7
  {1, 1, 1, 1, 1, 1, 1, 0},          //8
  {1, 1, 1, 1, 0, 1, 1, 0},          //9
  {1, 1, 1, 0, 1, 1, 1, 1},          //A
  {1, 1, 1, 1, 1, 1, 1, 1},          //B
  {1, 0, 0, 1, 1, 1, 0, 1},          //C
  {1, 1, 1, 1, 1, 0, 1},             //D
  {1, 0, 0, 1, 1, 1, 1, 1},          //E
  {1, 0, 0, 0, 1, 1, 1, 1},          //F
  {0, 0, 0, 0, 0, 0, 0, 1},          //.
};
void setup()
{
  pinMode(d_a,OUTPUT);
  pinMode(d_b,OUTPUT);
  pinMode(d_c,OUTPUT);
  pinMode(d_d,OUTPUT);
  pinMode(d_e,OUTPUT);
  pinMode(d_f,OUTPUT);
  pinMode(d_g,OUTPUT);
  pinMode(d_h,OUTPUT);
  pinMode(COM1,OUTPUT);
  pinMode(COM2,OUTPUT);
  pinMode(COM3,OUTPUT);
  pinMode(COM4,OUTPUT);
}
void loop()
{
  for(int l = 0;l < 10;l++)
  {
```

```
      for(int k = 0; k < 10;k++)
      {
        for(int j = 0; j < 10; j++)
        {
          for(int i = 0;i < 10;i++)
          {
            //1 秒快闪 125 次,就等于 1 秒,即 1000/8 = 125
            for(int q = 0;q<125;q++)
            {
              Display(1,1);                //第一位数码管显示 1 的值
              delay(2);
              Display(2,k);
              delay(2);
              Display(3,j);
              delay(2);
              Display(4,i);
              delay(2);
            }
          }
        }
      }
}
void Display(unsigned char com,unsigned char n)
{
  digitalWrite(d_a,LOW);
  digitalWrite(d_b,LOW);
  digitalWrite(d_c,LOW);
  digitalWrite(d_d,LOW);
  digitalWrite(d_e,LOW);
  digitalWrite(d_f,LOW);
  digitalWrite(d_g,LOW);
  digitalWrite(d_h,LOW);
  switch(com)
  {
    case 1:
      digitalWrite(COM1,LOW);        //选择位 1
      digitalWrite(COM2,HIGH);
      digitalWrite(COM3,HIGH);
      digitalWrite(COM4,HIGH);
      break;
    case 2:
      digitalWrite(COM1,HIGH);
      digitalWrite(COM2,LOW);        //选择位 2
      digitalWrite(COM3,HIGH);
      digitalWrite(COM4,HIGH);
      break;
    case 3:
      digitalWrite(COM1,HIGH);
      digitalWrite(COM2,HIGH);
      digitalWrite(COM3,LOW);        //选择位 3
```

```
        digitalWrite(COM4,HIGH);
        break;
      case 4:
        digitalWrite(COM1,HIGH);
        digitalWrite(COM2,HIGH);
        digitalWrite(COM3,HIGH);
        digitalWrite(COM4,LOW);              //选择位 4
        break;
      default:break;
    }
    digitalWrite(d_a,num[n][0]);
    digitalWrite(d_b,num[n][1]);
    digitalWrite(d_c,num[n][2]);
    digitalWrite(d_d,num[n][3]);
    digitalWrite(d_e,num[n][4]);
    digitalWrite(d_f,num[n][5]);
    digitalWrite(d_g,num[n][6]);
    digitalWrite(d_h,num[n][7]);
}
```

第 3 步：编译并上传程序至开发板，查看运行效果，如图 3-12 所示。

图 3-12　任务 3-2 运行效果

4. 技术知识

四位数码管就是由 4 个一位数码管组成的显示装置。

根据实际需要，把多个一位数码管封装在一起就成了多位数码管。常见的有两位、三位、四位、五位、六位等，如图 3-13 所示。

尽管数码管根据位数不同，其封装的引脚各不相同，但其内部都是将单个数码管的段选线 a、b、c、d、e、f、g、dp 对应连接在一起，公共极则相互独立。使用时分别通过控制不同的位选线（即单个数码管的公共极）来控制单个数码管的显示。

图 3-13　不同位数的数码管

5. 拓展任务

使用 Arduino Uno 开发板和四位数码管设计与制作一个计数秒表装置(图 3-14)。

图 3-14　任务 3-2 拓展训练

6. 工作评价

6.1 考核评价

项目	考核内容		考核评分		
	内　容		配分	得分	批注
工作 准备 (30%)	能够正确理解工作任务 3-2 的内容、范围及工作指令		10		
	能够查阅和理解技术手册,确认四位数码管、色环电阻技术标准及要求		5		
	使用个人防护用品或衣着适当,能正确使用防护用品		5		
	准备工作场地及器材,能够识别工作场地的安全隐患		5		
	确认设备及工具、量具,检查其是否安全及能否正常工作		5		
实施 程序 (50%)	正确辨识工作任务所需的 Arduino Uno 开发板、四位数码管、色环电阻		10		
	正确检查 Arduino Uno 开发板、四位数码管、色环电阻有无损坏或异常		10		
	正确选择 USB 数据线和跳线		10		
	正确选用工具进行规范操作,完成装置安装、调试和维护		10		
	安全无事故并在规定时间内完成任务		10		
完工 清理 (20%)	收集和储存可以再利用的原材料、余料		5		
	按照维护工作程序,清洁垃圾、清洁和整理工作区域		5		
	对开发板、四位数码管、色环电阻、工具及设备进行清洁		5		
	按照工作程序,填写完成作业单		5		
考核 评语			考核 成绩		
	考核人员:　　　　　　日期:　　　年　月　日				

6.2 导师评价

评价项目	评价内容	评价成绩	备注
工作准备	任务领会、资讯查询、器材准备	□A □B □C □D □E	
知识储备	系统认知、原理分析、技术参数	□A □B □C □D □E	
计划决策	任务分析、任务流程、实施方案	□A □B □C □D □E	
任务实施	专业能力、沟通能力、实施结果	□A □B □C □D □E	
职业道德	纪律素养、安全卫生、器材维护	□A □B □C □D □E	
其他评价			
教师签字：		日期：　　　年　月　日	

注：在选项"□"里打"√"，其中 A：90～100 分；B：80～89 分；C：70～79 分；D：60～69 分；E：不合格。

任务 3-3　点阵图文显示装置的设计与制作

1. 工作任务

【任务目标】

使用 Arduino Uno 开发板编程控制 8×8 点阵的显示。

【任务描述】

点阵模块在生活中非常常见，许多场合都有用到，例如 LED 广告显示屏、电梯上的楼层显示屏、公交车报站显示屏等。

本次任务将使用 Arduino Uno 开发板和 8×8 点阵模块制作一个 LED 广告显示屏。

【任务分析】

点阵模块的引脚及接线方式如图 3-15 所示。

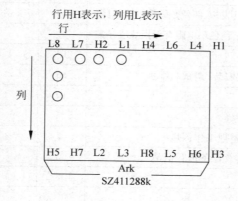

行	>>>	引脚	列	>>>	引脚
H1	>>>	2	L1	>>>	6
H2	>>>	7	L2	>>>	11
H3	>>>	A5	L3	>>>	10
H4	>>>	5	L4	>>>	3
H5	>>>	13	L5	>>>	A3
H6	>>>	A4	L6	>>>	4
H7	>>>	12	L7	>>>	8
H8	>>>	A2	L8	>>>	9

图 3-15　点阵模块的引脚及接线方式

2. 任务资料

2.1 认识 LED 点阵模块

LED 点阵模块是指用封装 8×8 的 LED 模块,再组合成单元板,这样的单元板称为点阵模块(图3-16)。LED 点阵模块可显示汉字、图形、动画及英文字符等。显示方式有静态、横向滚动、垂直滚动和翻页显示等。点阵模块有单色、双色、彩色之分,采用"级联"的方式可以组合成单色、双色、彩色任意点阵大显示屏。点阵模块具有显示效果好、功耗小、成本低的优点。

2.2 认识点阵模块结构

8×8 点阵模块由 8 行 8 列共 64 个 LED 灯组成,其内部结构如图 3-17 所示。

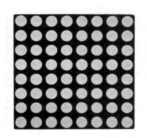

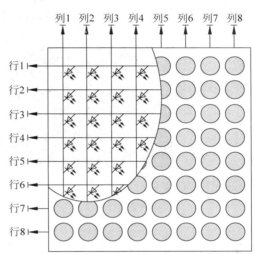

图 3-16 LED 点阵模块　　　　图 3-17 8×8 点阵模块结构

每个 LED 放置在行线和列线的交叉点上,当对应的某一行电平拉高,某一列电平拉低,则对应交叉点的 LED 就会点亮。

3. 工作实施

3.1 材料准备

本次任务所需电子元器件材料清单如表 3-3 所示。

表 3-3 任务 3-3 所需电子元器件材料清单

序号	元器件名称	规　　格	数量
1	开发板	Arduino Uno	1个
2	数据线	USB	1条
3	面包板	MB-102	1个
4	点阵显示模块	8×8	1个
5	跳线	引脚	若干

3.2 安全事项

（1）作业前请检查是否穿戴好防护装备（护目镜、防静电手套等）。
（2）检查电源及设备材料是否齐备、安全可靠。
（3）检查开发板、点阵显示模块有无损坏或异常。
（4）作业时要注意摆放好设备材料，避免伤人或造成设备材料损伤。

3.3 任务实施

第 1 步：使用 Fritzing 软件设计和绘制电路设计图，如图 3-18 所示。根据电路设计图，完成 Arduino Uno 开发板及其他电子元件的硬件连接。

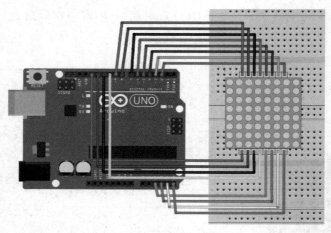

图 3-18　任务 3-3 电路设计图

第 2 步：创建 Arduino 程序"demo_3_3"。程序代码如下。

```
int R[ ] = {2,7,A5,5,13,A4,12,A2};    //行
int C[ ] = {6,11,10,3,A3,4,8,9};      //列
unsigned char biglove[8][8] =         //大"心形"图案的数据数组
{
  0,0,0,0,0,0,0,0,
  0,1,1,0,0,1,1,0,
  1,1,1,1,1,1,1,1,
  1,1,1,1,1,1,1,1,
  1,1,1,1,1,1,1,1,
  0,1,1,1,1,1,1,0,
  0,0,1,1,1,1,0,0,
  0,0,0,1,1,0,0,0,
};
unsigned char smalllove[8][8] =       //小"心形"图案的数据数组
{
  0,0,0,0,0,0,0,0,
  0,0,0,0,0,0,0,0,
  0,0,1,0,0,1,0,0,
```

```
  0,1,1,1,1,1,1,0,
  0,1,1,1,1,1,1,0,
  0,0,1,1,1,1,0,0,
  0,0,0,1,1,0,0,0,
  0,0,0,0,0,0,0,0,
};
void setup()
{
  for(int i = 0;i < 8;i++)          //循环定义行列端口为输出模式
  {
    pinMode(R[i],OUTPUT);
    pinMode(C[i],OUTPUT);
  }
}
void loop()
{
  for(int i = 0; i < 100; i++)      //循环显示 100 次
  {
    Display(biglove);               //显示大"心形"
  }
  for(int i = 0 ; i < 50 ; i++)     //循环显示 50 次
  {
    Display(smalllove);             //显示小"心形"
  }
}
void Display(unsigned char dat[8][8])   //显示函数
{
  for(int c = 0; c < 8;c++)
  {
    digitalWrite(C[c],LOW);         //选通第 c 列
    for(int r = 0;r < 8;r++)        //循环
    {
      digitalWrite(R[r],dat[r][c]);
    }
    delay(1);
    Clear();
  }
}
void Clear()                        //清空显示
{
  for(int i = 0;i < 8;i++) {
    digitalWrite(R[i],LOW);
    digitalWrite(C[i],HIGH);
  }
}
```

第 3 步：编译并上传程序至开发板，查看运行效果，如图 3-19 所示。

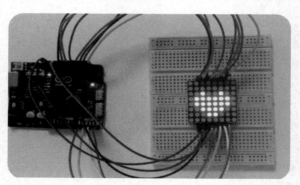

图 3-19　任务 3-3 运行效果

4. 技术知识

4.1　8×8 LED 点阵模块

8×8 LED 点阵是一种显示模块，点阵结构如图 3-20 所示。8×8 点阵共由 64 个发光二极管组成，且每个发光二极管是放置在行线和列线的交叉点上，当对应的某一行置 1 电平，某一列置 0 电平，则相应的二极管就亮；如要将第一个点点亮，则 9 引脚接高电平 13 引脚接低电平，则第一个点就亮了；如果要将第一行点亮，则第 9 引脚接高电平，而 13、3、4、10、6、11、15、16 引脚接低电平，那么第一行就会点亮；如要将第一列点亮，则第 13 引脚接低电平，而 9、14、8、12、1、7、2、5 引脚接高电平，那么第一列就会点亮。

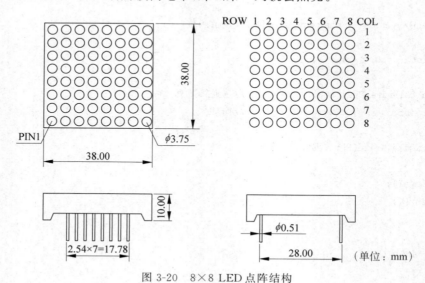

图 3-20　8×8 LED 点阵结构

4.2　LED 点阵工作原理

8×8 LED 点阵结构及工作原理如图 3-21 所示。

项目3 传感器显示装置的设计与制作 93

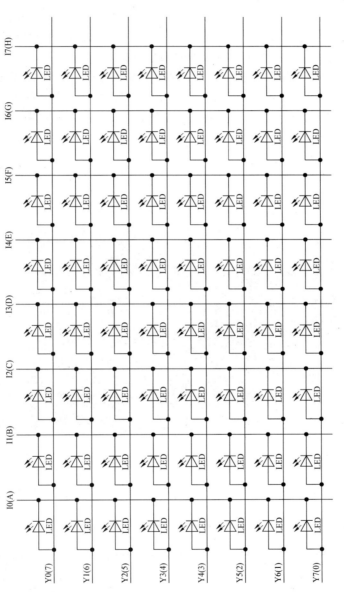

图 3-21 8×8 LED 点阵结构及工作原理

（1）正向电流供电：LED点阵是由许多个LED灯组成的，每个LED灯都是一个发光二极管，需要一个正向电流通过才能发光。当正向电流通过LED时，其内部的晶体结构激发电子，使其跃迁到一个较高能级，随后电子从高能级返回低能级时会伴随着发光。

（2）控制信号输入：LED点阵需要一个控制信号来指示哪些LED灯需要点亮。通常，控制信号被传输到一个独立的芯片，称为LED控制驱动芯片。

（3）数据传输和扫描：LED控制驱动芯片从控制信号中读取要点亮的LED位置信息，并将相应的数据传输到LED点阵内部。控制驱动芯片还会根据预先设定的扫描方式，按照一定的顺序逐个点亮LED灯，以显示出所需的图形或文字。

（4）电流控制：LED控制驱动芯片还会根据需要控制通过LED的电流强度，以调整LED的亮度。这通常是通过调整电流源的大小或改变PWM（脉宽调制）信号的占空比来实现的。

通过上述步骤，LED点阵可以显示出所需的图像、文字或动画效果。根据控制信号的变化，LED点阵可以随时更新显示内容。

5. 拓展任务

使用Arduino Uno控制8×8点阵LED显示"祝大家节日快乐"，如图3-22所示。

图 3-22　任务 3-3 拓展训练

6. 工作评价

6.1 考核评价

项目	考核内容		考核评分		
	内　容		配分	得分	批注
工作 准备 （30%）	能够正确理解工作任务3-3的内容、范围及工作指令		10		
	能够查阅和理解技术手册，确认点阵显示模块技术标准及要求		5		
	使用个人防护用品或衣着适当，能正确使用防护用品		5		
	准备工作场地及器材，能够识别工作场地的安全隐患		5		
	确认设备及工具、量具，检查其是否安全及能否正常工作		5		

续表

项目	考核内容		考核评分		
	内 容		配分	得分	批注
实施程序（50%）	正确辨识工作任务所需的 Arduino Uno 开发板、点阵显示模块		10		
	正确检查 Arduino Uno 开发板、点阵显示模块有无损坏或异常		10		
	正确选择 USB 数据线和跳线		10		
	正确选用工具进行规范操作，完成装置安装、调试和维护		10		
	安全无事故并在规定时间内完成任务		10		
完工清理（20%）	收集和储存可以再利用的原材料、余料		5		
	按照维护工作程序，清洁垃圾、清洁和整理工作区域		5		
	对开发板、点阵显示模块、工具及设备进行清洁		5		
	按照工作程序，填写完成作业单		5		
考核评语	考核人员： 日期： 年 月 日		考核成绩		

6.2 导师评价

评价项目	评价内容	评价成绩	备注
工作准备	任务领会、资讯查询、器材准备	□A □B □C □D □E	
知识储备	系统认知、原理分析、技术参数	□A □B □C □D □E	
计划决策	任务分析、任务流程、实施方案	□A □B □C □D □E	
任务实施	专业能力、沟通能力、实施结果	□A □B □C □D □E	
职业道德	纪律素养、安全卫生、器材维护	□A □B □C □D □E	
其他评价			
教师签字：		日期： 年 月 日	

注：在选项"□"里打"√"，其中 A：90～100 分；B：80～89 分；C：70～79 分；D：60～69 分；E：不合格。

任务 3-4 液晶屏显示装置的设计与制作

1. 工作任务

【任务目标】
使用 Arduino Uno 开发板编程实现对液晶屏 LCD1602 的显示控制。

【任务描述】
LCD1602 是一种工业字符型液晶显示屏，能够同时显示 16×2 即 32 个字符。LCD1602 液晶屏的显示原理是利用液晶的物理特性，通过电压对其显示区域进行控制，从而显示出图形。本次任务讲授使用 Arduino Uno 开发板编程实现对液晶屏 LCD1602 的内容显示控制。

【任务分析】

LCD1602 显示屏与 Arduino Uno 开发板的连线方式有两种：一种是将液晶屏的引脚直接与 Arduino Uno 开发板的数字端口相连；另一种是通过转接板采用 I^2C 接口方式与 Arduino Uno 开发板相连。本次任务介绍直接与 Arduino Uno 开发板相连的电路连接方式，电路原理如图 3-23 所示。

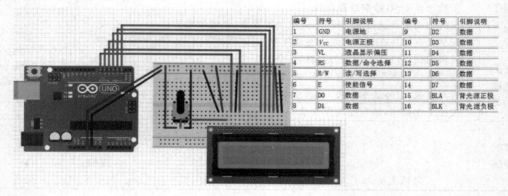

编号	符号	引脚说明	编号	符号	引脚说明
1	GND	电源地	9	D2	数据
2	V_{CC}	电源正极	10	D3	数据
3	VL	液晶显示偏压	11	D4	数据
4	RS	数据/命令选择	12	D5	数据
5	R/W	读/写选择	13	D6	数据
6	E	使能信号	14	D7	数据
7	D0	数据	15	BLA	背光源正极
8	D1	数据	16	BLK	背光源负极

图 3-23　液晶屏显示装置电路原理图

2. 任务资料

2.1　认识液晶屏

液晶屏（图 3-24）是以液晶材料为基本组件，在两块平行板之间填充液晶材料，通过电压改变液晶材料内部分子的排列状况，以达到遮光和透光的目的，从而显示深浅不一、错落有致的图像，而且只要在两块平板间再加上三原色的滤光层，就可以实现显示彩色图像。液晶屏功耗很低，适用于使用电池供电的电子设备。

2.2　认识 LCD1602 液晶屏

LCD1602 液晶屏是广泛使用的一种字符型液晶显示屏模块，以点阵图形式显示内容，如图 3-25 所示。它是由字符型液晶显示屏（LCD）、控制驱动主电路 HD44780 及其扩展驱动电路 HD44100，以及少量电阻、电容元件和结构件等装配在 PCB 上组成。

图 3-24　液晶屏

图 3-25　LCD1602 液晶屏

LCD1602 液晶屏以点阵式 LCD 显示字母、数字和符号等内容，能够以 16×2 方式显示英文字母、阿拉伯数字、日文片假名和一般性符号。

3. 工作实施

3.1 材料准备

本次任务所需电子元器件材料清单如表 3-4 所示。

表 3-4 任务 3-4 所需电子元器件材料清单

序号	元器件名称	规　　格	数量
1	开发板	Arduino Uno	1个
2	数据线	USB	1条
3	面包板	MB-102	1个
4	液晶屏	LCD1602	1个
5	电位器	B10K	1个
6	跳线	引脚	若干

3.2 安全事项

（1）作业前请检查是否穿戴好防护装备（护目镜、防静电手套等）。
（2）检查电源及设备材料是否齐备、安全可靠。
（3）检查开发板、LCD1602 模块、电位器有无损坏或异常。
（4）作业时要注意摆放好设备材料，避免伤人或造成设备材料损伤。

3.3 任务实施

第 1 步：使用 Fritzing 软件设计和绘制电路设计图，如图 3-26 所示。根据电路设计图，完成 Arduino Uno 开发板及其他电子元件的硬件连接。

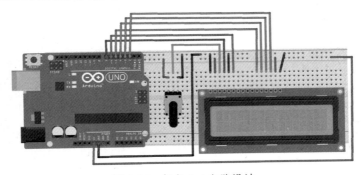

图 3-26 任务 3-4 电路设计

第 2 步：创建 Arduino 程序"demo_3_4"。程序代码如下。

```
int LCD1602_RS = 7;
int LCD1602_EN = 6;
int DB[4] = { 2, 3, 4, 5};
/*
 * LCD 写指令
 */
void LCD_Command_Write( int command)
{
```

```
    int i, temp;
    digitalWrite( LCD1602_RS, LOW);
    digitalWrite( LCD1602_EN, LOW);
    temp = command & 0xf0;
    for (i = DB[0]; i <= 5; i++)
    {
        digitalWrite(i, temp & 0x80);
        temp <<= 1;
    }
    digitalWrite( LCD1602_EN, HIGH);
    delayMicroseconds(1);
    digitalWrite( LCD1602_EN, LOW);
    temp = (command & 0x0f) << 4;
    for (i = DB[0]; i <= 5; i++)
    {
        digitalWrite(i, temp & 0x80);
        temp <<= 1;
    }
    digitalWrite( LCD1602_EN, HIGH);
    delayMicroseconds(1);
    digitalWrite( LCD1602_EN, LOW);
}
/*
 * LCD 写数据
 */
void LCD_Data_Write(int dat)
{
    int i = 0, temp;
    digitalWrite( LCD1602_RS, HIGH);
    digitalWrite( LCD1602_EN, LOW);
    temp = dat & 0xf0;
    for (i = DB[0]; i <= 5; i++)
    {
        digitalWrite(i, temp & 0x80);
        temp <<= 1;
    }
    digitalWrite( LCD1602_EN, HIGH);
    delayMicroseconds(1);
    digitalWrite( LCD1602_EN, LOW);
    temp = (dat & 0x0f) << 4;
    for (i = DB[0]; i <= 5; i++)
    {
        digitalWrite(i, temp & 0x80);
        temp <<= 1;
    }
    digitalWrite( LCD1602_EN, HIGH);
    delayMicroseconds(1);
    digitalWrite( LCD1602_EN, LOW);
}
/*
 * LCD 设置光标位置
 */
void LCD_SET_XY( int x, int y )
```

```
{
  int address;
  if (y == 0)      address = 0x80 + x;
  else             address = 0xC0 + x;
  LCD_Command_Write(address);
}
/*
 * LCD写一个字符
 */
void LCD_Write_Char(int x, int y, int dat)
{
  LCD_SET_XY(x, y );
  LCD_Data_Write(dat);
}

/*
 * LCD写字符串
 */
void LCD_Write_String(int X, int Y, char * s)
{
  LCD_SET_XY( X, Y );                  //设置地址
  while ( * s)                         //写字符串
  {
    LCD_Data_Write( * s);
    s ++;
  }
}
void setup (void)
{
  int i = 0;
  for (i = 2; i <= 7; i++)
  {
    pinMode(i, OUTPUT);
  }
  delay(100);
  LCD_Command_Write(0x28);             //显示模式设置 4 线 2 行 5×7
  delay(50);
  LCD_Command_Write(0x06);             //显示光标移动设置
  delay(50);
  LCD_Command_Write(0x0c);             //显示开及光标设置
  delay(50);
  LCD_Command_Write(0x80);             //设置数据地址指针
  delay(50);
  LCD_Command_Write(0x01);             //显示清屏
  delay(50);
}
void loop (void)
{
  LCD_Write_String(0, 0, "Good Good Study!");
  LCD_Write_String(0, 1, " ---- LiuGuoCheng.");
}
```

第 3 步：编译并上传程序至开发板，查看运行效果，如图 3-27 所示。

4. 技术知识

4.1 液晶屏 LCD1602

LCD1602 液晶屏是一种常见的字符液晶显示器,因其能显示 16×2 个字符而得名(图 3-28)。LCD1602 液晶显示的原理是利用液晶的物理特性,通过电压对其显示区域进行控制,即可显示出图形。

图 3-27 任务 4-4 运行效果

图 3-28 LCD1602

4.2 LCD1602 引脚说明

LCD1602 引脚说明如表 3-5 所示。

表 3-5 LCD1602 引脚说明

引脚	符号	说明
1	GND	接地
2	V_{CC}	5V 正极
3	V0	对比度调整,接正极时对比度最弱
4	RS	寄存器选择,1 数据寄存器(DR),0 指令寄存器(IR)
5	R/W	读/写选择,1 读,0 写
6	EN	使能(enable)端,高电平读取信息,负跳变时执行指令
7~14	D0~D7	8 位双向数据
15	BLA	背光正极
16	BLK	背光负极

5. 拓展任务

使用 I^2C 接口的 LCD1602 显示模块,如图 3-29 所示,采用 I^2C 的方式与 Arduino Uno 开发板相连,按照图 3-30 所示代码完成程序编写并上传,查看运行效果。

项目3 传感器显示装置的设计与制作

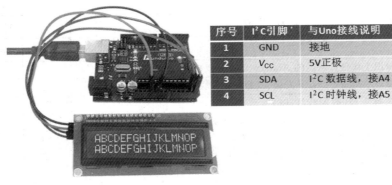

图 3-29 任务 3-4 拓展训练

```
lcd1602i2cdemo

#include <Wire.h>
#include <LiquidCrystal_I2C.h>  //引用I2C库

//设置LCD1602设备地址,这里的地址是0x3F,一般是0x20,或者0x27
LiquidCrystal_I2C lcd(0x3F,16,2);

void setup(){
  lcd.init();              // 初始化LCD
  lcd.backlight();         //设置LCD背景等亮
}

void loop(){
  lcd.setCursor(0,0);                    //设置显示指针,第1列第1行
  lcd.print("Hello! Everyone.");         //输出字符到LCD1602上
  lcd.setCursor(0,1);                    //设置显示指针,第1列第2行
  lcd.print("Welcome to Uno.");
}
```

图 3-30 任务 3-4 拓展训练程序

6. 工作评价

6.1 考核评价

项目	考核内容		考核评分		
	内容		配分	得分	批注
工作准备(30%)	能够正确理解工作任务 3-4 的内容、范围及工作指令		10		
	能够查阅和理解技术手册,确认 LCD1602 模块技术标准及要求		5		
	使用个人防护用品或衣着适当,能正确使用防护用品		5		
	准备工作场地及器材,能够识别工作场地的安全隐患		5		
	确认设备及工具、量具,检查其是否安全及能否正常工作		5		

续表

项目	考核内容		考核评分		
	内　　容		配分	得分	批注
实施 程序 （50％）	正确辨识工作任务所需的 Arduino Uno 开发板、LCD1602 模块、电位器		10		
	正确检查 Arduino Uno 开发板、LCD1602 模块、电位器有无损坏或异常		10		
	正确选择 USB 数据线和跳线		10		
	正确选用工具进行规范操作，完成装置安装、调试和维护		10		
	安全无事故并在规定时间内完成任务		10		
完工 清理 （20％）	收集和储存可以再利用的原材料、余料		5		
	按照维护工作程序，清洁垃圾、清洁和整理工作区域		5		
	对开发板、LCD1602 模块、电位器、工具及设备进行清洁		5		
	按照工作程序，填写完成作业单		5		
考核 评语	考核人员： 　　　日期： 　　　年　月　日		考核 成绩		

6.2　导师评价

评价项目	评价内容	评价成绩	备注
工作准备	任务领会、资讯查询、器材准备	□A □B □C □D □E	
知识储备	系统认知、原理分析、技术参数	□A □B □C □D □E	
计划决策	任务分析、任务流程、实施方案	□A □B □C □D □E	
任务实施	专业能力、沟通能力、实施结果	□A □B □C □D □E	
职业道德	纪律素养、安全卫生、器材维护	□A □B □C □D □E	
其他评价			
教师签字：		日期：　　　年　月　日	

注：在选项"□"里打"√"，其中 A：90～100 分；B：80～89 分；C：70～79 分；D：60～69 分；E：不合格。

任务 3-5　OLED 屏显示装置的设计与制作

1. 工作任务

【任务目标】

使用 Arduino Uno 开发板编程实现对 OLED 显示屏的内容显示。

【任务描述】

OLED(organic light-emitting diode)显示屏如图 3-31 所示。由于它具备自发光，不需背光源、对比度高、厚度薄、视角广、反应速度快、可用于挠曲性面板、使用温度范围广、构造及制程较简单等优异特性，被认为是下一代平面显示器新兴应用技术。

本次任务将使用 Arduino Uno 开发板编程实现对 OLED 显示屏的内容显示控制。

项目3 传感器显示装置的设计与制作

图 3-31　OLED 显示屏（1）

【任务分析】

OLED 显示屏模块是通过 I^2C 接口方式与 Arduino Uno 开发板进行通信的。其中，OLED 显示屏的 SCL、SDA 引脚分别接到 Arduino Uno 开发板的 SCL 和 SDA 引脚。OLED 显示屏的显示内容由 Arduino Uno 开发板编程实现，电路原理如图 3-32 所示。

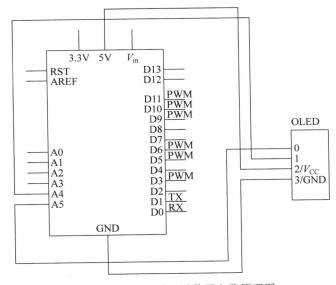

图 3-32　OLED 屏显示装置电路原理图

2. 任务资料

2.1　认识 OLED 显示屏

OLED 显示屏即有机发光显示器（organic light emitting display），被誉为"梦幻显示器"。OLED 是一种利用多层有机薄膜结构产生电致发光的电子显示器件，它只需要较低的驱动电压。这些使得 OLED 在满足平面显示器的应用上显得非常突出。OLED 显示屏比 LCD 更轻薄、亮度高、功耗低、响应快、清晰度高、柔性好、发光效率高。OLED 技术目前在电视、计算机显示器、手机、平板电脑等领域应用广泛。

2.2 认识 OLED 显示屏引脚及接线

OLED 显示屏有四个引脚,分别是 V_{CC}(电源正极)、GND(电源负极)、SDA(数据引脚)、SCK(时钟引脚),如图 3-33 所示。

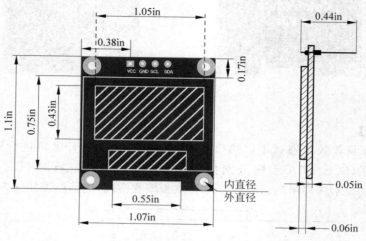

图 3-33 OLED 显示屏结构

3. 工作实施

3.1 材料准备

本次任务所需电子元器件材料清单如表 3-6 所示。

表 3-6 任务 3-5 所需电子元器件材料清单

序号	元器件名称	规　　格	数量
1	开发板	Arduino Uno	1个
2	数据线	USB	1条
3	面包板	MB-201	1个
4	显示屏	OLED	1个
5	杜邦线	公对母	若干

3.2 安全事项

(1) 作业前请检查是否穿戴好防护装备(护目镜、防静电手套等)。
(2) 检查电源及设备材料是否齐备、安全可靠。
(3) 检查开发板、OLED 显示屏模块有无损坏或异常。
(4) 作业时要注意摆放好设备材料,避免伤人或造成设备材料损伤。

3.3 任务实施

第 1 步:如图 3-34 所示完成 Arduino Uno 开发板及 OLED 显示屏的硬件连接。
第 2 步:创建 Arduino 程序"demo_3_5"。程序代码如下。

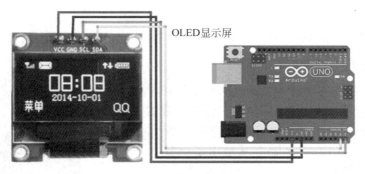

图 3-34　任务 3-5 电路设计

```
#include <U8glib.h>
U8GLIB_SSD1306_128X64 u8g(U8G_I2C_OPT_NONE);
void setup(){
  if (u8g.getMode() == U8G_MODE_R3G3B2)
    u8g.setColorIndex(255);
  else if (u8g.getMode() == U8G_MODE_GRAY2BIT)
    u8g.setColorIndex(3);
  else if (u8g.getMode() == U8G_MODE_BW)
    u8g.setColorIndex(1);
  //u8g.setFont(u8g_font_unifont);
  Serial.begin(9600);
  u8g.setFont(u8g_font_6x10);
  u8g.setFontRefHeightExtendedText();
  u8g.setDefaultForegroundColor();
  u8g.setFontPosTop();
}
void loop(){
  u8g.firstPage();
  do {
    u8g.drawStr(0,0,"hello world!");
  } while(u8g.nextPage());
  delay(500);
}
```

第 3 步：编译并上传程序至开发板，查看运行效果，如图 3-35 所示。

图 3-35　任务 3-5 运行效果

4. 技术知识

4.1 OLED

OLED 是一种高对比度和高分辨率的显示屏,如图 3-36 所示。这种显示器可以由自身创建背光,使用户易于阅读,这也使得它们比一般的 LCD 更清晰、更平滑。小型 OLED 显示屏模块在电子设备中非常有用。简单的布线和高可读性使得 OLED 显示器非常适用于小型电子产品的数据显示,甚至包括一些简单图像。小型 OLED 显示屏种类较多,拥有不同分辨率、不同尺寸和不同颜色,可以根据电子产品项目进行选择。同时,OLED 显示屏还有 SPI 或 I^2C 接口方式模块可供选择。屏幕显示也有单色、双色和 16 位全彩色可供选择使用,因此已成为目前嵌入式系统电子产品的常用显示屏。本次任务使用的是带有 SSD1306 驱动器、兼容 Arduino Uno 开发板的 128×64 像素、0.96in I^2C 接口的 OLED 显示屏。

图 3-36 OLED 显示屏(2)

4.2 OLED 点阵图

点阵图也叫栅格图像、像素图。简单说,就是最小单位由像素构成的图,缩放会失真。构成位图的最小单位是像素,位图是由像素阵列的排列来实现其显示效果的,每个像素有自己的颜色信息,在对位图图像进行编辑操作时,可操作的对象是每个像素,我们可以改变图像的色相、饱和度、明度,从而改变图像的显示效果。例如,位图图像就好比在巨大的沙盘上画好的画,当你从远处看的时候,画面细腻多彩,但是当你靠得非常近时,你就能看到组成画面的每粒沙子以及每个沙粒单纯的不可变化颜色。

OLED 其实就是一个 $m \times n$ 的像素点阵,想显示什么就得把具体位置的像素点亮。对于每一个像素点,有可能是 1 点亮,也有可能是 0 点亮。

4.3 OLED 坐标系

为了说明质点的位置、运动的快慢、方向等,必须选取其坐标系。在参照系中,为确定空间一点的位置,按规定方法选取的有次序的一组数据,叫作"坐标"。在某一问题中规定坐标的方法,就是该问题所用的坐标系。坐标系的种类很多,常用的坐标系有笛卡儿直角坐标系、平面极坐标系、柱面坐标系(或称柱坐标系)和球面坐标系(或称球坐标系)等。从广义上讲,事物的一切抽象概念都是参照于其所属的坐标系存在的,同一个事物在不同的坐标系中会用不同的抽象概念来表示,坐标系表达的事物有联系的抽象概念的数量(即坐标轴的数量)就是该事物所处空间的维度。两种能相互改变的事物必须在同一坐标系中。

在 OLED 坐标系中,左上角是原点,向右是 X 轴,向下是 Y 轴,如图 3-37 所示。

5. 拓展任务

使用 Arduino Uno 开发板编程实现 OLED 屏显示汉字(图 3-38)。

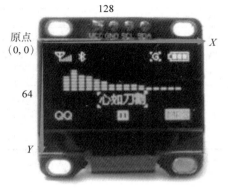

图 3-37　OLED 坐标系示意图

图 3-38　任务 3-5 拓展训练

6. 工作评价

6.1 考核评价

项目	考核内容		考核评分		
	内　　容		配分	得分	批注
工作准备（30%）	能够正确理解工作任务 3-5 的内容、范围及工作指令		10		
	能够查阅和理解技术手册,确认 OLED 显示屏模块技术标准及要求		5		
	使用个人防护用品或衣着适当,能正确使用防护用品		5		
	准备工作场地及器材,能够识别工作场地的安全隐患		5		
	确认设备及工具、量具,检查其是否安全及能否正常工作		5		
实施程序（50%）	正确辨识工作任务所需的 Arduino Uno 开发板、OLED 显示屏模块		10		
	正确检查 Arduino Uno 开发板、OLED 显示屏模块有无损坏或异常		10		
	正确选择 USB 数据线和杜邦线		10		
	正确选用工具进行规范操作,完成装置安装、调试和维护		10		
	安全无事故并在规定时间内完成任务		10		
完工清理（20%）	收集和储存可以再利用的原材料、余料		5		
	按照维护工作程序,清洁垃圾、清洁和整理工作区域		5		
	对开发板、OLED 显示屏模块、工具及设备进行清洁		5		
	按照工作程序,填写完成作业单		5		
考核评语			考核成绩		
	考核人员: 　　　　日期: 　　年　月　日				

6.2 导师评价

评价项目	评价内容	评价成绩	备注
工作准备	任务领会、资讯查询、器材准备	□A □B □C □D □E	
知识储备	系统认知、原理分析、技术参数	□A □B □C □D □E	
计划决策	任务分析、任务流程、实施方案	□A □B □C □D □E	
任务实施	专业能力、沟通能力、实施结果	□A □B □C □D □E	
职业道德	纪律素养、安全卫生、器材维护	□A □B □C □D □E	
其他评价			
教师签字:		日期: 年 月 日	

注:在选项"□"里打"√",其中 A:90~100 分;B:80~89 分;C:70~79 分;D:60~69 分;E:不合格。

项目小结

本项目介绍了 Arduino 常用显示元件,如一位数码管、四位数码管、8×8 点阵、LCD1602、OLED 显示屏模块的使用,并重点介绍了使用 Arduino Uno 开发板控制这些显示模块的电路设计、硬件连接、程序编码以及调试运行方法。

项目要点:熟练掌握一位数码管、四位数码管、8×8 点阵、LCD1602、OLED 显示屏模块的应用,熟练掌握 Arduino Uno 开发板控制这些显示元件的电路设计和内容显示及其程序设计方法与技巧。

项目评价

在本项目教学和实施过程中,教师和学生可以根据以下项目考核评价表对各项任务进行考核评价。考核主要针对学生在技术知识、任务实施(技能情况)、拓展任务(实战训练)的掌握程度和完成效果进行评价。

工作任务	评价内容									
	技术知识		任务实施		拓展任务		完成效果		总体评价	
	个人评价	教师评价	个人评价	教师评价	个人评价	教师评价	个人评价	教师评价	个人评价	教师评价
任务 3-1										
任务 3-2										
任务 3-3										
任务 3-4										
任务 3-5										

	续表
存在问题与解决办法 （应对策略）	
学习心得与体会分享	

实训与讨论

一、实训题

使用 Arduino Uno 开发板和 OLED 屏显示二维码图案。

二、讨论题

1. 举几个自己遇到的数码管应用实例，并说明它们的用途。
2. 比较 LCD1602 液晶屏和 OLED 显示屏各自的优点与不足。

项目 4

环境传感器装置的设计与制作

知识目标

- 认识温度、温湿度、火焰、水位、雨量、土质、气压、气体、粉尘等传感器模块。
- 了解温度等传感器的应用。
- 掌握温度等传感器技术的应用方法和技巧。

技能目标

- 懂温度、温湿度、火焰、水位、雨量、土质、气压、气体、粉尘等传感器模块的使用。
- 会用 Arduino Uno 开发板编程获取传感器数据。
- 能应用 Arduino Uno 开发板和相应传感器模块开发相应的数据采集装置。

素质目标

- 具备环境采集作业的安全意识和规范素养。
- 具有兢兢业业的科学精神。
- 养成良好的研究行为习惯。

工作任务

- 任务 4-1　温度识别装置的设计与制作
- 任务 4-2　温湿度识别装置的设计与制作
- 任务 4-3　火焰识别装置的设计与制作
- 任务 4-4　水位识别装置的设计与制作
- 任务 4-5　雨量识别装置的设计与制作
- 任务 4-6　土质识别装置的设计与制作
- 任务 4-7　气压识别装置的设计与制作
- 任务 4-8　气体识别装置的设计与制作
- 任务 4-9　粉尘识别装置的设计与制作

任务 4-1 温度识别装置的设计与制作

1. 工作任务

【任务目标】

使用 Arduino Uno 开发板制作一个简易的温度实时监测仪。

【任务描述】

温度是环境参数的一项重要数据，许多场所要求监控环境参数，例如铁路电务微机室、机械室等场所的信号设备都要在合适的温度下运行。本任务设计和制作一款简易的实时温度检测仪，让大家对温度检测的电路设计思路与制作方法有一定的认识和了解。

【任务分析】

本次任务将采用 LM35 温度传感器实现对环境温度数据的采集和输出。电路原理如图 4-1 所示。

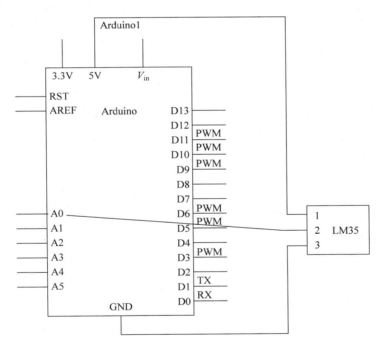

图 4-1 温度识别装置电路原理图

2. 任务资料

2.1 认识温度传感器

温度传感器是指能感受温度并转换成可用输出信号的传感器。温度传感器是温度测量仪表的核心部分,品种繁多。按测量方式可分为接触式和非接触式两大类,按照传感器材料及电子元件特性分为热电阻和热电偶两类。

非接触式温度传感器的敏感元件与被测对象互不接触,又称非接触式测温仪表。这种仪表可用来测量运动物体、小目标和热容量小或温度变化迅速(瞬变)的对象的表面温度,也可用于测量温度场的温度分布。

本次任务使用的温度传感器是一种非接触式温度传感器电子元件 LM35。

2.2 认识温度传感器 LM35

LM35 是由美国国家半导体公司(National Semiconductor)生产的一种温度传感器,它的使用非常广泛,其输出电压为摄氏温标,如图 4-2 所示。它有 3 个引脚,分别是 V_S、GND 和 V_{OUT}。

其输出温度数值可以使用以下公式进行计算。

$$V_{OUT\_LM35}(T) = \frac{10\text{mV}}{\text{°C}} \times T\text{°C}$$

图 4-2 温度传感器 LM35

3. 工作实施

3.1 材料准备

本次任务所需电子元器件材料清单如表 4-1 所示。

表 4-1 任务 4-1 所需电子元器件材料清单

序号	元器件名称	规格	数量
1	开发板	Arduino Uno	1 个
2	数据线	USB	1 条
3	温度传感器	LM35	1 个
4	跳线	引脚	若干

3.2 安全事项

(1)作业前请检查是否穿戴好防护装备(护目镜、防静电手套等)。
(2)检查电源及设备材料是否齐备、安全可靠。
(3)检查开发板、LM35 模块有无损坏或异常。
(4)作业时要注意摆放好设备材料,避免伤人或造成设备材料损伤。

3.3 任务实施

第 1 步:使用 Fritzing 软件设计并绘制电路设计图,如图 4-3 所示。根据电路设计图,完成 Arduino Uno 开发板与其他电子元件的硬件连接。

第 2 步:创建 Arduino 程序"demo_4_1"。程序代码如下。

```
int value;
int tValue;
void setup() {
  Serial.begin(9600);
```

项目4 环境传感器装置的设计与制作　113

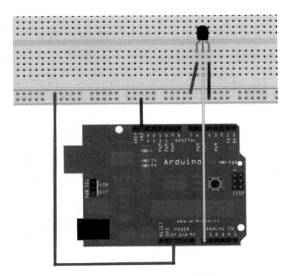

图 4-3　任务 4-1 电路设计

```
}
void loop() {
  value = analogRead(A0);
  Serial.print("value for A0: ");
  Serial.println(value);
  tValue = 500 * value/1024;
  Serial.print("tValue: ");
  Serial.println(tValue);
  delay(1000);
}
```

第 3 步：编译并上传程序至开发板，查看运行效果，如图 4-4 所示。

图 4-4　任务 4-1 运行效果

4. 技术知识

由于 LM35 采用内部补偿，所以输出可以从 0℃ 开始。LM35 有多种不同封装形式。在常温下，LM35 不需要额外的校准处理即可达到 $\pm\dfrac{1}{4}$℃ 的准确率。

温度传感器 LM35 引脚说明如下。

LM35 电源供应模式有单电源与正负双电源两种,其引脚如图 4-5 所示,正负双电源的供电模式可提供负温度的量测;两种接法的静止电流-温度关系,在静止温度中自热效应低(0.08℃),单电源模式在 25℃ 下静止电流约 50μA,工作电压较宽,可在 4～20V 的供电电压范围内正常工作,非常省电。

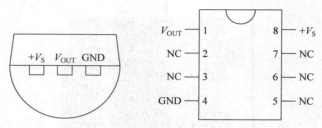

图 4-5 温度传感器 LM35 引脚

5. 拓展任务

使用 Arduino Uno 开发板和温度传感器 LM35 实现温度检测装置的制作(图 4-6)。

图 4-6 任务 4-1 拓展训练

6. 工作评价

6.1 考核评价

项目	考核内容		考核评分	
	内　　容	配分	得分	批注
工作准备 (30%)	能够正确理解工作任务 4-1 的内容、范围及工作指令	10		
	能够查阅和理解技术手册,确认 LM35 模块技术标准及要求	5		
	使用个人防护用品或衣着适当,能正确使用防护用品	5		
	准备工作场地及器材,能够识别工作场地的安全隐患	5		
	确认设备及工具、量具,检查其是否安全及能否正常工作	5		

续表

项目	考核内容		考核评分		
	内容		配分	得分	批注
实施程序（50%）	正确辨识工作任务所需的 Arduino Uno 开发板、LM35 模块		10		
	正确检查 Arduino Uno 开发板、LM35 模块有无损坏或异常		10		
	正确选择 USB 数据线和跳线		10		
	正确选用工具进行规范操作，完成装置安装、调试和维护		10		
	安全无事故并在规定时间内完成任务		10		
完工清理（20%）	收集和储存可以再利用的原材料、余料		5		
	按照维护工作程序，清洁垃圾、清洁和整理工作区域		5		
	对开发板、LM35 模块、工具及设备进行清洁		5		
	按照工作程序，填写完成作业单		5		
考核评语	考核人员： 日期： 年 月 日		考核成绩		

6.2 导师评价

评价项目	评价内容	评价成绩	备注
工作准备	任务领会、资讯查询、器材准备	□A □B □C □D □E	
知识储备	系统认知、原理分析、技术参数	□A □B □C □D □E	
计划决策	任务分析、任务流程、实施方案	□A □B □C □D □E	
任务实施	专业能力、沟通能力、实施结果	□A □B □C □D □E	
职业道德	纪律素养、安全卫生、器材维护	□A □B □C □D □E	
其他评价			
教师签字：		日期： 年 月 日	

注：在选项"□"里打"√"，其中 A：90～100 分；B：80～89 分；C：70～79 分；D：60～69 分；E：不合格。

任务 4-2　温湿度识别装置的设计与制作

1. 工作任务

【任务目标】
使用 Arduino Uno 开发板制作一个简易的嵌入式温湿度检测装置。

【任务描述】
轨道交通信号微机室的湿度过高会造成短路隐患，湿度过低可能产生静电；温度太高或太低会影响设备正常运行，所以信号机房的湿度标准在 40%～60%RH，温度在 16～27℃。要严格把控各机房的温湿度，保障信号设备的可靠稳定运行，本任务设计一个简易的温湿度检测装置，减少工作人员日常巡检的工作量。

【任务分析】
DHT11 数字温湿度传感器是一款含有已校准数字信号输出的温湿度复合传感器。使用时,将 DHT11 的正极与 5V 电源接口相连,负极与 GND 相连,中间的数据接口与 Arduino Uno 开发板数字端口相连。电路原理如图 4-7 所示。

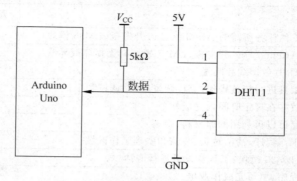

图 4-7 温湿度识别装置电路原理图

2. 任务资料

2.1 认识温湿度传感器

温湿度传感器多以温湿度一体式的探头作为测量元件,将温度和湿度信号采集出来,经过稳压滤波、运算放大、非线性校正、V/I 转换、恒流及反向保护等电路处理后,转换成与温度和湿度呈线性关系的电流信号或电压信号输出。

温湿度一体化传感器是采用数字集成传感器做探头,配以数字化处理电路,从而将环境中的温度和相对湿度转换成与之相对应的标准模拟信号。温湿度一体化模拟量型传感器可以同时把温度及湿度值的变化变换成电流/电压值的变化。

2.2 认识温湿度传感器 DHT11

DHT11 的精度湿度±5%RH,温度±2℃,量程湿度 20%~90%RH,温度 0~50℃。DHT11 包括一个电阻式感湿元件和一个 NTC 测温元件,可以与一个高性能 8 位以上的 Arduino 开发板相连接。该产品具有超快响应、抗干扰能力强、性价比高等优点。

3. 工作实施

3.1 材料准备

本次任务所需电子元器件材料清单如表 4-2 所示。

表 4-2 任务 4-2 所需电子元器件材料清单

序号	元器件名称	规格	数量
1	开发板	Arduino Uno	1 个
2	数据线	USB	1 条
3	温湿度传感器	DHT11	1 个
4	杜邦线	公对母	若干

3.2 安全事项

(1)作业前请检查是否穿戴好防护装备(护目镜、防静电手套等)。

（2）检查电源及设备材料是否齐备、安全可靠。
（3）检查开发板、DHT11 模块有无损坏或异常。
（4）作业时要注意摆放好设备材料，避免伤人或造成设备材料损伤。

3.3 任务实施

第 1 步：使用 Fritzing 软件设计并绘制电路设计图，如图 4-8 所示。根据电路设计图，完成 Arduino Uno 开发板与其他电子元件的硬件连接，如图 4-9 所示。

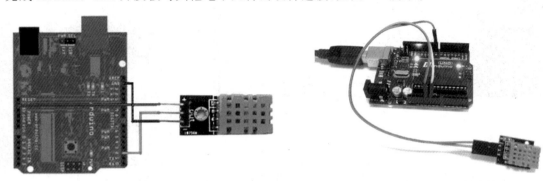

图 4-8　任务 4-2 电路设计　　　　　图 4-9　任务 4-2 硬件连接

第 2 步：创建 Arduino 程序"demo_4_2"。程序代码如下。

```
#include <dht11.h>
dht11 DHT11;
int sensorPin = 2;
void setup() {
  Serial.begin(9600);
}
void loop() {
  DHT11.read(sensorPin);
  Serial.print("Humidity( % ): ");
  Serial.println((float)DHT11.humidity,2);
  Serial.print("Temperature( C ): ");
  Serial.println((float)DHT11.temperature,2);
  delay(1000);
}
```

第 3 步：编译并上传程序至开发板，查看运行效果，如图 4-10 所示。

4. 技术知识

4.1　温湿度传感器 DHT11

温湿度传感器 DHT11（图 4-11）应用专用的数字模块采集技术和温湿度传感技术，确保产品具有极高的可靠性和长期稳定性。DHT11 校准系数以程序的形式存在 OTP 内存中，其内部在检测信号的处理过程中要调用这些校准系数。它采用单线制串行接口，使系统集成变得简易快捷。超小的体积、极低的功耗使其广泛应用于嵌入式电子电路。DHT11 采用 4 针单排引脚封装，连线非常方便（图 4-12）。

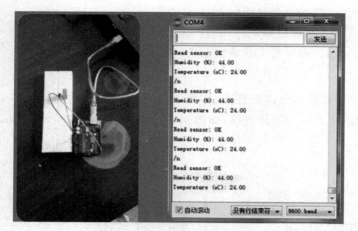

图 4-10 任务 4-2 运行效果　　　　　图 4-11 温湿度传感器 DHT11

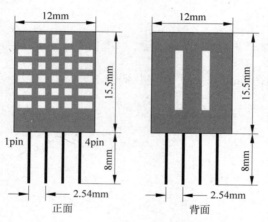

图 4-12 DHT11 封装说明

4.2 温湿度传感器 DHT11 引脚说明

温湿度传感器 DHT11 引脚说明如表 4-3 所示。

表 4-3 温湿度传感器 DHT11 引脚说明

引脚	名　称	注　释
1	V_{CC}	供电 3～5.5V DC
2	DATA	串行数据,单总线
3	NC	空脚,悬空
4	GND	接地,电源负极

5. 拓展任务

使用 Arduino Uno 开发板、温湿度传感器 DHT11、LCD1602 和继电器实现通过温湿度控制风扇开关的自动控制装置,装置电路设计如图 4-13 所示。

项目4　环境传感器装置的设计与制作

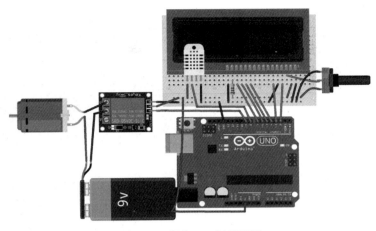

图 4-13　任务 4-2 拓展训练

6. 工作评价

6.1　考核评价

项目	考核内容		考核评分		
	内　　容		配分	得分	批注
工作 准备 （30%）	能够正确理解工作任务 4-2 的内容、范围及工作指令		10		
	能够查阅和理解技术手册，确认 DHT11 模块技术标准及要求		5		
	使用个人防护用品或衣着适当，能正确使用防护用品		5		
	准备工作场地及器材，能够识别工作场地的安全隐患		5		
	确认设备及工具、量具，检查其是否安全及能否正常工作		5		
实施 程序 （50%）	正确辨识工作任务所需的 Arduino Uno 开发板、DHT11 模块		10		
	正确检查 Arduino Uno 开发板、DHT11 模块有无损坏或异常		10		
	正确选择 USB 数据线和杜邦线		10		
	正确选用工具进行规范操作，完成装置安装、调试和维护		10		
	安全无事故并在规定时间内完成任务		10		
完工 清理 （20%）	收集和储存可以再利用的原材料、余料		5		
	按照维护工作程序，清洁垃圾、清洁和整理工作区域		5		
	对开发板、DHT11 模块、工具及设备进行清洁		5		
	按照工作程序，填写完成作业单		5		
考核 评语	考核人员：　　　　　日期：　　　年　月　日			考核 成绩	

6.2 导师评价

评价项目	评价内容	评价成绩	备注
工作准备	任务领会、资讯查询、器材准备	□A □B □C □D □E	
知识储备	系统认知、原理分析、技术参数	□A □B □C □D □E	
计划决策	任务分析、任务流程、实施方案	□A □B □C □D □E	
任务实施	专业能力、沟通能力、实施结果	□A □B □C □D □E	
职业道德	纪律素养、安全卫生、器材维护	□A □B □C □D □E	
其他评价			
教师签字:		日期: 年 月 日	

注：在选项"□"里打"√"，其中 A：90~100 分；B：80~89 分；C：70~79 分；D：60~69 分；E：不合格。

任务 4-3　火焰识别装置的设计与制作

1. 工作任务

【任务目标】

使用 Arduino Uno 开发板制作一个简易的嵌入式火焰识别装置。

【任务描述】

在日常工作和生活中，我们经常看到一些地方有特别的防火措施，比如高铁、地铁、造纸厂等，都会配备一些易燃易爆危险品的温度监测和火焰报警装置。本任务设计制作一款火焰识别装置，该装置在有火焰时，能够及时检测到，并立刻做出预警提示；当没有火焰时，则保持监测状态。

火焰传感器利用红外线对火焰非常敏感的特点，使用特制的红外线接收管检测火焰，然后把火焰的亮度转化为高、低变化的电平信号，输入中央处理器，中央处理器根据信号的变化做出相应的处理。

【任务分析】

本任务使用火焰传感器采集火焰数据，其中火焰传感器的负极（短脚）接到 5V 引脚，正极（长脚）连接 10kΩ 的电阻，电阻的另一端连接 GND。传感器与电阻连接在一起并接到 Arduino Uno 开发板模拟输入端口 A0。蜂鸣器正极接 Arduino Uno 开发板数字端口 D8，负极接 GND。电路原理如图 4-14 所示。

在有火焰靠近和没有火焰靠近两种情况下，模拟口读到的电压值是有变化的。没有火焰时，电压值为 0.3V 左右；有火焰时，电压值为 1.0V 左右，火焰距离越近，电压值越大。

火焰判断算法：先存储一个没有火焰时的电

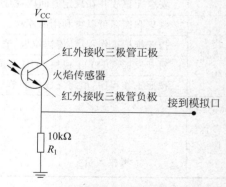

图 4-14　火焰识别装置电路原理图

压值 i。不断地循环读取模拟口电压值 j，同存储的值做差值 $k=j-i$。差值 k 与 0.6V 作比较。k 如果大于 0.6V，则判断有火焰，蜂鸣器报警；如果 k 小于 0.6V，则蜂鸣器不响。

2. 任务资料

2.1 认识火焰传感器

本任务使用的火焰传感器是一种对火焰特别敏感的红外接收三极管传感器。其利用红外线对火焰的敏感特性，用特制的红外线接收管检测火焰，然后将火焰的亮度转化成电平信号供控制器处理。该传感器可以将外界红外光的强弱变化转化为电流的变化，通过 A/D 转换器反映为 0~255 范围内数值的变化。外界红外光越强，数值越小；红外光越弱，数值越大。

2.2 认识火焰传感器元件

本次任务使用的火焰传感器元件如图 4-15 所示。其中，传感器的负极（短脚）接到 5V 引脚，正极（长脚）连接 10kΩ 的电阻，电阻的另一端连接 GND。传感器与电阻连接在一起并接到开发板模拟输入 A0 引脚。蜂鸣器正极接开发板的数字引脚 8，负极接 GND。

图 4-15 火焰传感器元件

3. 工作实施

3.1 材料准备

本次任务所需电子元器件材料清单如表 4-4 所示。

表 4-4 任务 4-3 所需电子元器件材料清单

序号	元器件名称	规　格	数量
1	开发板	Arduino Uno	1个
2	数据线	USB	1条
3	面包板	MB-102	1个
4	火焰传感器		1个
5	蜂鸣器	有源或无源	1个
6	色环电阻	10kΩ	1个
7	跳线	引脚	若干

3.2 安全事项

（1）作业前请检查是否穿戴好防护装备（护目镜、防静电手套等）。
（2）检查电源及设备材料是否齐备、安全可靠。
（3）检查开发板、火焰传感器有无损坏或异常。
（4）作业时要注意摆放好设备材料，避免伤人或造成设备材料损伤。

3.3 任务实施

第 1 步：使用 Fritzing 软件设计并绘制电路设计图，如图 4-16 所示。根据电路设计图，完成 Arduino Uno 开发板与其他电子元器件的硬件连接。

第 2 步：创建 Arduino 程序"demo_4_3"。程序代码如下。

```
int flame = 0;                          //定义火焰接口为模拟 0 接口
int Beep = 9;                           //定义蜂鸣器接口为数字 9 接口
int val = 0;                            //定义数字变量
void setup() {
  pinMode(Beep,OUTPUT);                 //定义 LED 为输出接口
  pinMode(flame,INPUT);                 //定义蜂鸣器为输入接口
  Serial.begin(9600);                   //设定波特率为 9600
}
void loop() {
  val = analogRead(flame);              //读取火焰传感器的模拟值
  Serial.println(val);                  //输出模拟值,并将其打印出来
  if(val > = 600)                       //当模拟值大于 600 时蜂鸣器鸣响
  {
      digitalWrite(Beep,HIGH);
  }else {
      digitalWrite(Beep,LOW);
  }
  delay(500);
}
```

第 3 步：编译并上传程序至开发板,查看运行效果,如图 4-17 所示。

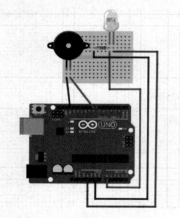

图 4-16　任务 4-3 电路设计

图 4-17　任务 4-3 运行效果

4. 技术知识

4.1　火焰传感器

火焰传感器(即红外接收三极管)是一种用于探测和响应火焰或火灾的传感器,其利用红外线对火焰的敏感特性,用特制的红外线接收管检测火焰,然后将火焰的亮度转化成电平信号供控制器处理。

火焰传感器对检测到的火焰的响应方式取决于加装的设备,可以包括发出警报、停用燃料管线(例如丙烷或天然气管线),以及启动灭火系统。

实际上,火焰检测有很多不同的方法,包括紫外线探测器、近红外阵列探测器、红外

（IR）探测器、红外热像仪、紫外/红外探测器等。

火焰检测原理：火焰燃烧时会发出少量的红外线，这些红外线被传感器模块上的红外接收三极管接收，然后使用运算放大器检查 IR 接收器两端的电压变化。如果检测到火焰，输出引脚（DO）将输出 0V（低电平）；如果没有火焰，输出引脚将输出 5V（高电平）。

4.2 火焰传感器模块及其引脚说明

本任务使用的是基于红外线的火焰传感器模块。它是一种高速和高灵敏度的 NPN 硅光电晶体管。它可以检测波长范围为 700～1000nm 的红外光，其检测角度约为 60°。

在使用中，我们会将火焰传感器制作成火焰传感器模块，如图 4-18 所示。火焰传感器模块由红外接收三极管（火焰传感器）、电阻、电容、电位器和 LM393 比较器组成。可以通过改变板载电位器来调节灵敏度。工作电压为 3.3～5V DC，带有数字输出。输出高电平代表检测到火焰；输出低电平代表没有火焰。

图 4-18 火焰传感器模块

表 4-5 是火焰传感器模块的引脚说明。

表 4-5 火焰传感器模块的引脚说明

引脚名称	说　　明
V_{CC}	3.3～5V 电源
GND	地
DOUT	数字信号输出

5. 拓展任务

使用 Arduino Uno 开发板、火焰传感器、温度传感器、LCD1602，设计并制作一个燃火报警装置，如图 4-19 所示。

图 4-19 任务 4-3 拓展训练

6. 工作评价

6.1 考核评价

项目	考核内容		考核评分		
	内　容		配分	得分	批注
工作准备（30%）	能够正确理解工作任务 4-3 的内容、范围及工作指令		10		
	能够查阅和理解技术手册，确认火焰传感器技术标准及要求		5		
	使用个人防护用品或衣着适当，能正确使用防护用品		5		
	准备工作场地及器材，能够识别工作场地的安全隐患		5		
	确认设备及工具、量具，检查其是否安全及能否正常工作		5		
实施程序（50%）	正确辨识工作任务所需的 Arduino Uno 开发板、火焰传感器		10		
	正确检查 Arduino Uno 开发板、火焰传感器有无损坏或异常		10		
	正确选择 USB 数据线		10		
	正确选用工具进行规范操作，完成装置安装、调试和维护		10		
	安全无事故并在规定时间内完成任务		10		
完工清理（20%）	收集和储存可以再利用的原材料、余料		5		
	按照维护工作程序，清洁垃圾、清洁和整理工作区域		5		
	对开发板、火焰传感器、工具及设备进行清洁		5		
	按照工作程序，填写完成作业单		5		
考核评语	考核人员：　　　　　　日期：　　　年　月　日		考核成绩		

6.2 导师评价

评价项目	评价内容	评价成绩	备注
工作准备	任务领会、资讯查询、器材准备	□A □B □C □D □E	
知识储备	系统认知、原理分析、技术参数	□A □B □C □D □E	
计划决策	任务分析、任务流程、实施方案	□A □B □C □D □E	
任务实施	专业能力、沟通能力、实施结果	□A □B □C □D □E	
职业道德	纪律素养、安全卫生、器材维护	□A □B □C □D □E	
其他评价			
教师签字：		日期：　　　年　月　日	

注：在选项"□"里打"√"，其中 A：90～100 分；B：80～89 分；C：70～79 分；D：60～69 分；E：不合格。

任务 4-4　水位识别装置的设计与制作

1. 工作任务

【任务目标】

使用 Arduino Uno 开发板制作一个嵌入式水位测量装置。

项目4 环境传感器装置的设计与制作

【任务描述】

水位传感器是一种模拟输入的传感器模块。它通过一系列平行金属导线判断水位。当水位传感器接触到水滴时,可以实现水量到模拟信号的转换,输出的模拟值可以直接被 Arduino Uno 开发板读取。水位传感器常被应用于对溪流、河道、池塘等水位进行测量和监测。本任务使用 Arduino Uno 开发板和水位传感器设计制作水位识别装置,对轨道交通线路水位进行监控与测量,以确保线路行车安全。

【任务分析】

本任务采用水位传感器实现对水位数据的采集,如图 4-20 所示。连接电路比较简单,只需要将水位传感器的引脚连接至 Arduino Uno 开发板所对应的数字引脚即可。

2. 任务资料

2.1 认识水位传感器

水位传感器是指能将被测点水位参量实时地转变为相应电量信号的一种传感器。其工作原理是:容器内的水位传感器将感受到的水位信号传送到控制器,控制器内的计算机将实测的水位信号与设定信号进行比较,得出水位偏差。

水位传感器广泛用于水厂、炼油厂、化工厂、玻璃厂、污水处理厂、高楼供水系统、水库、河道、海洋等对供水池、配水池、水处理池、水井、水罐、水箱、油井、油罐、油池及对各种液体静态、动态液位的测量和控制。

2.2 认识 K-1035 水位传感器模块

K-1035 水位传感器模块(图 4-21)是一个模拟输入模块,是一个简单易用、性价比较高的水位识别检测传感器。它是通过具有一系列暴露的平行导线线迹测量水滴/水量大小,从而判断水位,轻松完成水量到模拟信号的转换,输出的模拟值可以直接被 Arduino 开发板读取,达到水位报警的目的。

图 4-20 水位传感器电路

图 4-21 K-1035 水位传感器模块

3. 工作实施

3.1 材料准备

本次任务所需电子元器件材料清单如表 4-6 所示。

表 4-6 任务 4-4 所需电子元器件材料清单

序号	元器件名称	规　格	数量
1	开发板	Arduino Uno	1个
2	数据线	USB	1条
3	水位传感器	K-1035	1个
4	杜邦线	公对母	若干

3.2 安全事项

(1) 作业前请检查是否穿戴好防护装备（护目镜、防静电手套等）。
(2) 检查电源及设备材料是否齐备、安全可靠。
(3) 检查开发板、水位传感器有无损坏或异常。
(4) 作业时要注意摆放好设备材料，避免伤人或造成设备材料损伤。

3.3 任务实施

第 1 步：使用 Fritzing 软件设计并绘制电路设计图，如图 4-22 所示。根据电路设计图，完成 Arduino Uno 开发板与其他电子元件的硬件连接，如图 4-23 所示。

图 4-22 水位传感器电路设计图

图 4-23 水位传感器硬件连接

第 2 步：创建 Arduino 程序"demo_4_4"。程序代码如下。

```
int sensorPin = 0;
double value;
double data;
void setup() {
  Serial.begin(9600);
}
```

```
void loop() {
  data = (long)analogRead(sensorPin);
  value = (data/650) * 4;
  Serial.print("Water Depth: ");
  Serial.print(value);
  Serial.println("cm");
  delay(1000);
}
```

第 3 步：编译并上传程序至开发板，查看运行效果，如图 4-24 所示。

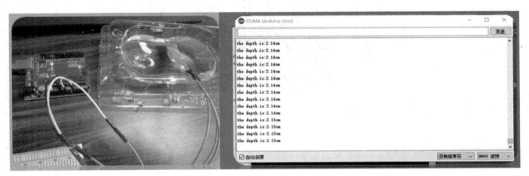

图 4-24　任务 4-4 运行效果

4. 技术知识

水位传感器是通用三接口连线，一个连 V_{CC}，一个连 GND，模拟输出端接入 Arduino Uno 开发板的任何一个模拟输入端口中，本任务用的是模拟端口 A0。

水位传感器规格参数如下。
- 工作电压：DC 3～5V。
- 工作电流：小于 20mA。
- 元件类型：模拟。
- 检测面积：40mm×16mm，最深只能测 4cm。
- 制作工艺：FR4 双面喷锡。
- 工作温度：10～30℃。
- 工作湿度：10%～90%无凝结。
- 模块重量：3.5g。
- 板子尺寸：62mm×20mm×8mm。

5. 拓展任务

使用 Arduino Uno 开发板实现以下水位测量仪装置的设计与制作（图 4-25）。

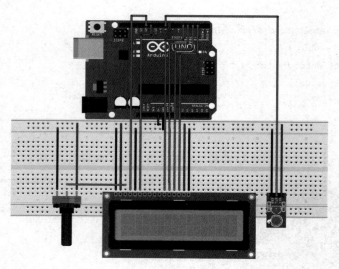

图 4-25　任务 4-4 拓展训练

6. 工作评价

6.1 考核评价

项目	考核内容		考核评分		
	内　容	配分	得分	批注	
工作准备（30%）	能够正确理解工作任务 4-4 的内容、范围及工作指令	10			
	能够查阅和理解技术手册，确认水位传感器技术标准及要求	5			
	使用个人防护用品或衣着适当，能正确使用防护用品	5			
	准备工作场地及器材，能够识别工作场地的安全隐患	5			
	确认设备及工具、量具，检查其是否安全及能否正常工作	5			
实施程序（50%）	正确辨识工作任务所需的 Arduino Uno 开发板、水位传感器	10			
	正确检查 Arduino Uno 开发板、水位传感器有无损坏或异常	10			
	正确选择 USB 数据线和杜邦线	10			
	正确选用工具进行规范操作，完成装置安装、调试和维护	10			
	安全无事故并在规定时间内完成任务	10			
完工清理（20%）	收集和储存可以再利用的原材料、余料	5			
	按照维护工作程序，清洁垃圾、清洁和整理工作区域	5			
	对开发板、水位传感器、工具及设备进行清洁	5			
	按照工作程序，填写完成作业单	5			
考核评语		考核成绩			
	考核人员：　　　　　日期：　　　年　月　日				

6.2 导师评价

评价项目	评价内容	评价成绩	备注
工作准备	任务领会、资讯查询、器材准备	□A □B □C □D □E	
知识储备	系统认知、原理分析、技术参数	□A □B □C □D □E	
计划决策	任务分析、任务流程、实施方案	□A □B □C □D □E	
任务实施	专业能力、沟通能力、实施结果	□A □B □C □D □E	
职业道德	纪律素养、安全卫生、器材维护	□A □B □C □D □E	
其他评价			
教师签字：		日期： 年 月 日	

注：在选项"□"里打"√"，其中 A：90~100 分；B：80~89 分；C：70~79 分；D：60~69 分；E：不合格。

任务 4-5　雨量识别装置的设计与制作

1. 工作任务

【任务目标】

使用 Fritzing 软件设计雨量检测电路，并使用 Arduino Uno 开发板和雨量传感器制作一个雨水检测系统，如图 4-26 所示。

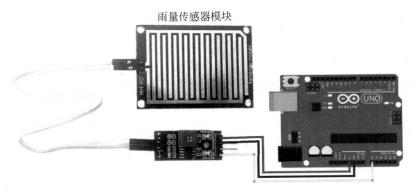

图 4-26　任务 4-5 任务目标

【任务描述】

雨量传感器根据使用情况也被称为雨滴传感器或雨水传感器。通过使用 Arduino Uno 开发板和雨量传感器连接，可以轻松制作一个简单的雨水检测系统。雨量传感器可以检测到降雨，Arduino Uno 开发板将对其进行感应并执行所需的操作。这样的系统可用于许多不同的领域，例如农业和汽车领域。本任务将使用 Arduino Uno 开发板和蜂鸣器制作一个雨量监测装置。

雨量检测装置应用：降雨检测可用于农业自动调节灌溉过程，连续的降雨数据还可以帮助农民使用该智能系统，仅在需要时才自动为作物浇水。同样，在汽车领域，通过使用雨水检测系统可以使雨刷器完全自动化。此外，在智能家居中，家庭自动化系统还可以使用雨水检测功能自动关闭窗户并调节室温。

【任务分析】

雨量传感器（图4-27）包括雨量传感器电路板模块和控制板模块。其中，雨量传感器控制板模块连接 Arduino Uno 开发板的引脚有4个，即 V_{CC}、GND、D0、A0，另外两个引脚用于连接雨量传感器电路板模块。雨量传感器电路板模块用于检测雨水，控制板模块用于控制灵敏度，并将模拟值转换为数字值。

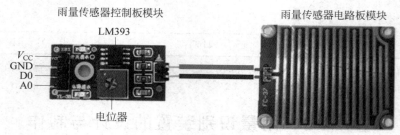

图 4-27　雨量传感器

2. 任务资料

2.1　认识雨量传感器

雨量传感器可用于气象台（站）、水文站、农林、国防等有关部门遥测液体降水量、降水强度、降水起止时间；还可用于防洪、供水调度、电站水库水情管理为目的水文自动测报系统、自动野外测报站以及用于降水测量。

2.2　认识雨量传感器模块

雨量传感器电路板模块由两根铜线组成，其设计方式使得它们在干燥条件下可为电源电压提供高电阻，并且该模块的输出电压为5V。随着电路板上湿度的增加，该模块的电阻逐渐减小。随着电阻的降低，其输出电压也会相对于模块上的湿度降低。雨量传感器电路板模块由两个用于连接到控制板的引脚组成。

雨量传感器控制板模块控制灵敏度并将模拟输出转换为数字输出。如果模拟值低于控制板的阈值，则输出为低电平；如果模拟值高于阈值，则输出为高电平。为了进行比较和转换，使用了 LM393 运算放大器比较器。运算放大器比较器是一个有趣的电路，可以用来比较两个不同的电压值。

3. 工作实施

3.1　材料准备

本次任务所需电子元器件及材料清单如表4-7所示。

项目4　环境传感器装置的设计与制作

表 4-7　任务 4-5 所需电子元器件及材料清单

序号	元器件名称	规　　格	数量
1	开发板	Arduino Uno	1个
2	数据线	USB	1条
3	面包板	MB-102	1个
4	雨量传感器		1个
5	蜂鸣器	无源	1个
6	跳线	引脚	若干

3.2　安全事项

（1）作业前请检查是否穿戴好防护装备（护目镜、防静电手套等）。
（2）检查电源及设备材料是否齐备、安全可靠。
（3）检查开发板、雨量传感器、蜂鸣器有无损坏或异常。
（4）作业时要注意摆放好设备材料，避免伤人或造成设备材料损伤。

3.3　任务实施

第 1 步：使用 Fritzing 软件设计和绘制电路设计图，如图 4-28 所示。根据电路设计图，完成 Arduino Uno 开发板及其他电子元件的硬件连接。

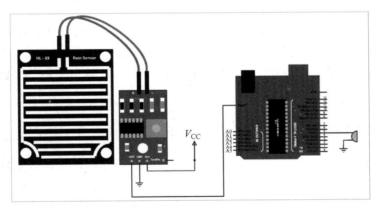

图 4-28　任务 4-5 电路设计图

第 2 步：创建 Arduino 程序"demo_4_5"。程序代码如下。

```
#define rainSensorPin A0
#define buzzerPin 5
int value; int set = 10;
void setup() {
  Serial.begin(9600);
  pinMode(buzzerPin,OUTPUT);
  pinMode(rainSensorPin,INPUT);
}
void loop() {
  value = analogRead(rainSensorPin);
  Serial.println(value);
  value = map(value,0,1023,225,0);
```

```
    if(value>=set){
      Serial.println("rain detected");
      Serial.println(value);
      digitalWrite(buzzerPin,HIGH);
    }else{
      digitalWrite(buzzerPin, LOW);
    }
    delay(1000);
}
```

第 3 步：编译并上传程序至开发板，运行效果如图 4-29 所示。

图 4-29　任务 4-5 运行效果

该系统的工作方式是：在下雨时，雨水充当触发器，当超过限值时触发蜂鸣器。在雨量传感器的 Arduino 代码中，我们定义了引脚 5 是蜂鸣器，A0 是雨量传感器引脚。

这是雨量传感器的众多应用场景中的一种，在汽车行业、数字家庭、精细农业中也会看到类似的应用。

4. 技术知识

雨量传感器模块的电路原理如图 4-30 所示。在晴天期间，由于模块干燥，因此对电源电压具有很高的电阻。该电压在模块的输出引脚上为 5V。如果由 Arduino 的模拟引脚读取，则此 5V 读取为 1023。在下雨期间，雨水会导致雨量传感器模块电路板的湿度增加，进而导致电阻减小。随着电阻逐渐减小，输出电压开始减小。当雨量传感器模块完全湿透并且其提供的电阻最小时，输出电压接近于 0。

雨量传感器功能：接上 5V 电源，电源指示灯亮。感应板上没有水滴时，D0 输出为高电平，开关指示灯灭；滴上一滴水，D0 输出为低电平，开关指示灯亮；刷掉上面的水滴，又恢复到输出高电平状态。A0 为模拟输出，可以连接单片机的 AD 口检测滴在上面的雨量大小，D0 TTL 数字输出也可以连接单片机检测是否有雨。

电路图 4-31 中所示的雨量传感器模块连接至控制板，控制板的 V_{CC} 引脚连接到 5V 电源，接地引脚接地。如果需要，可以将 D0 引脚连接到 Arduino 的任何数字引脚，并且该引脚必须在程序中声明为输入引脚。由于 D0 引脚输出的是高低电平信号，因此无法获得 D0 引脚确切的输出电压值。由于这个原因，我们使用 A0 引脚，并将其连接到 Arduino 的模拟引脚，这使得监视输出变化变得容易。

项目4　环境传感器装置的设计与制作

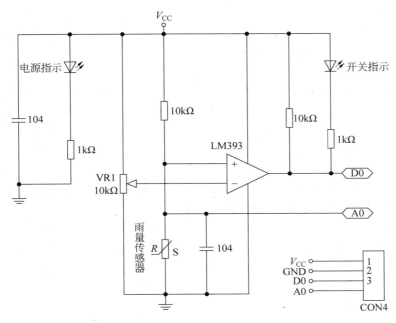

图 4-30　雨量传感器电路原理图

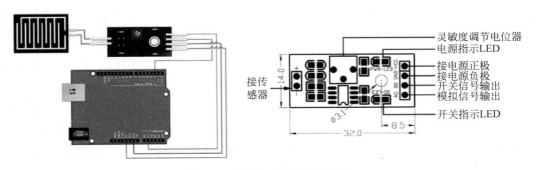

图 4-31　雨量传感器引脚示意图

5. 拓展任务

使用 Arduino Uno 开发板、雨量传感器、LCD1602 编程实现一个雨量检测器装置的制作（图 4-32）。

图 4-32　任务 4-5 拓展训练

6. 工作评价

6.1 考核评价

项目	考核内容		考核评分		
	内 容		配分	得分	批注
工作准备（30%）	能够正确理解工作任务 4-5 的内容、范围及工作指令		10		
	能够查阅和理解技术手册,确认雨量传感器技术标准及要求		5		
	使用个人防护用品或衣着适当,能正确使用防护用品		5		
	准备工作场地及器材,能够识别工作场地的安全隐患		5		
	确认设备及工具、量具,检查其是否安全及能否正常工作		5		
实施程序（50%）	正确辨识工作任务所需的 Arduino Uno 开发板、雨量传感器、蜂鸣器		10		
	正确检查 Arduino Uno 开发板、雨量传感器、蜂鸣器有无损坏或异常		10		
	正确选择 USB 数据线和跳线		10		
	正确选用工具进行规范操作,完成装置安装、调试和维护		10		
	安全无事故并在规定时间内完成任务		10		
完工清理（20%）	收集和储存可以再利用的原材料、余料		5		
	按照维护工作程序,清洁垃圾、清洁和整理工作区域		5		
	对开发板、雨量传感器、工具及设备进行清洁		5		
	按照工作程序,填写完成作业单		5		
考核评语	考核人员： 日期： 年 月 日		考核成绩		

6.2 导师评价

评价项目	评价内容	评价成绩	备注
工作准备	任务领会、资讯查询、器材准备	□A □B □C □D □E	
知识储备	系统认知、原理分析、技术参数	□A □B □C □D □E	
计划决策	任务分析、任务流程、实施方案	□A □B □C □D □E	
任务实施	专业能力、沟通能力、实施结果	□A □B □C □D □E	
职业道德	纪律素养、安全卫生、器材维护	□A □B □C □D □E	
其他评价			
教师签字：		日期： 年 月 日	

注：在选项"□"里打"√",其中 A：90~100 分；B：80~89 分；C：70~79 分；D：60~69 分；E：不合格。

任务 4-6　土质识别装置的设计与制作

1. 工作任务

【任务目标】

使用 Arduino Uno 开发板编程实现土壤湿度监测装置(图 4-33)的制作。

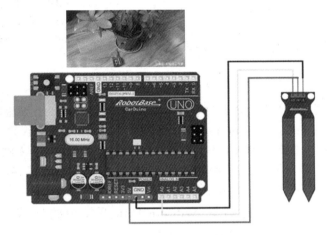

图 4-33　土壤湿度监测装置

【任务描述】

土壤湿度传感器用于土壤的湿度检测。可通过电位器调节土壤湿度的阈值,顺时针调节,控制的湿度会增大;逆时针调节,控制的湿度会减小。土壤湿度传感器可以用于测量表层的土壤湿度。在铁路运营中,铁路路基是铁路线路的重要组成部分,长期暴露于大自然中,不断受到侵蚀、破坏,这不仅会影响列车的正常运行,严重时甚至会危及列车的行车安全。本任务设计土质识别装置,实时对铁路线路路基进行检测,及时发现线路上不符合技术标准的现象。本次任务将通过 Arduino Uno 开发板和土壤湿度传感器设计制作一个土质识别监测装置,以此进行对土壤水分湿度的检测。

【任务分析】

土壤湿度传感器为 4 个引脚,分别接 V_{CC}、A0、D0、GND。测量时当湿度低于设定值时,D0 输出高电平,模块指示灯亮;湿度高于设定值时,D0 输出低电平,模块指示灯灭。工作电压 3.3~5V。3V 时,在空气中 A0 读取的最大值为 695,浸泡在水里的最小值为 245;5V 时,在空气中 A0 读取的最大值为 1023,浸泡在水里的最小值为 245。电路原理图如图 4-34 所示。

2. 任务资料

2.1　认识土壤湿度传感器

土壤湿度传感器又名土壤水分传感器、土壤墒情传感器、土壤含水量传感器,主要用来

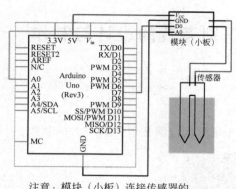

引脚说明
- V_{CC}——外接3.3~5V
- GND——外接GND
- D0——数字量输出接口（0和1）
- A0——电压模拟量输出

接线说明
- FC-28到5V Arduino的V_{CC}
- FC-28的GND到Arduino的GND
- FC-28的A0到Arduino的模拟端口
- FC-28的D0到Arduino的数字端口

注意：模块（小板）连接传感器的两条线不分正负

图 4-34　土质识别装置电路原理图

测量土壤相对含水量，做土壤墒情监测及农业灌溉和林业防护。土壤湿度传感器采用频域反射（frequency domain reflectometry, FDR）原理。FDR 频域反射仪是一种用于测量土壤水分的仪器，它利用电磁脉冲原理，根据电磁波在介质中的传播频率来测量土壤的表观介电常数，从而得到土壤相对含水量，具有简便安全、快速准确、定点连续、自动化、宽量程、少标定等优点，是一种值得推荐的土壤水分测定仪器。

2.2　认识土壤湿度传感器与 Arduino Uno 开发板的连接

土壤湿度模块的主要优点是可以从中获得模拟输出，通过将此模拟信号提供给 Arduino Uno 开发板的模拟输入端，从而精确地计算土壤中水分的百分比。

3. 工作实施

3.1　材料准备

本次任务所需电子元器件及材料清单如表 4-8 所示。

表 4-8　任务 4-6 所需电子元器件及材料清单

序号	元器件名称	规　　格	数量
1	开发板	Arduino Uno	1个
2	数据线	USB	1条
3	土壤湿度传感器	FC-28	1个
4	杜邦线	公对母	若干

3.2　安全事项

（1）作业前请检查是否穿戴好防护装备（护目镜、防静电手套等）。
（2）检查电源及设备材料是否齐备、安全可靠。
（3）检查开发板、土壤湿度传感器有无损坏或异常。
（4）作业时要注意摆放好设备材料，避免伤人或造成设备材料损伤。

3.3　任务实施

第1步：完成 Arduino Uno 开发板及其他电子元件的硬件连接，如图 4-35 所示。

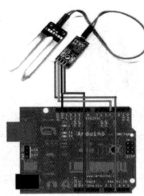

Arduino Uno与土壤传感器的引脚连接：
- V_{CC}接Arduino 3.3V或5V
- GND接Arduino GND
- A0接Arduino A2
- D0 接Arduino D4

图 4-35　任务 4-6 硬件连接

第 2 步：创建 Arduino 程序"demo_4_6"。程序代码如下。

```
int sensorPin_A0 = 2;
int sensorPin_D0 = 4;
void setup() {
    pinMode(sensorPin_A0,INPUT);
    Pinmode(sensorPin_D0,TNPUT);
    Serial.begin(9600);
}
void loop() {
    Serial.print("A0 = ");
    Serial.print(analogRead(sensorPin_A0));
    Serial.print("D0 = ");
    Serial.Println(digitalRead(sensorPin_D0));
    Delay(500);
}
```

第 3 步：编译并上传程序至开发板，运行效果如图 4-36 所示。

图 4-36　编译并上传程序

第 4 步：如图 4-37 所示，完成 Arduino Uno 开发板及其他电子元件的硬件连接。
第 5 步：创建 Arduino 程序"demo_4_6_1"。程序代码如下。

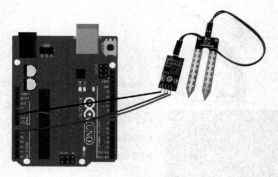

图 4-37 硬件连接

```
int sensorPin = A0;
int outputValue;

Void setup() {
    Serial.begin(9600);
    Serial.println("Reading From the Sensor...");
    Delay(2000);
}
Void loop() {
    output_value = analogRead(sensorPin);
    output_value = map(output Value,550,0,0,100);
    Serial.print("Mositure:");
    Serial.print(outputValue);
    Serial.println(" % ");
    Delay(1000);
}
```

注:将输出值映射到 0~100,因为水分是以百分比来衡量的。当我们从干燥的土壤中读取数值时,传感器值为 550,而在潮湿的土壤中,传感器值为 10。

第 6 步:编译并上传程序至开发板,运行效果如图 4-38 所示。

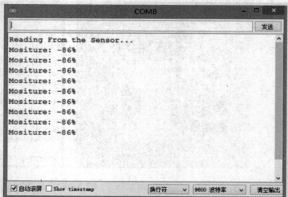

图 4-38 任务 4-6 运行效果

4. 技术知识

4.1 土壤湿度传感器

土壤湿度传感器用于检测土壤中的水分湿度。本次任务使用的土壤湿度传感器为 FC-28（图 4-39），它由主传感器和控制板两部分组成。其中，主传感器由几个导电探头组成，可用于测量体积土壤中的水含量。土壤湿度传感器 FC-28 获取的模拟输出值为 0~1023。考虑到水分以百分比形式测量，我们将从 0~100 映射这些值，然后在串行监视器上显示这些值。据此，可以进一步设置不同的水分值范围，并根据它打开或关闭水泵。

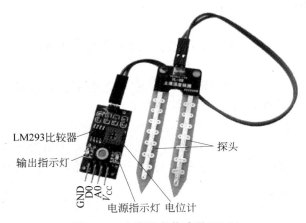

图 4-39 土壤湿度传感器 FC-28

4.2 土壤湿度传感器的工作原理

土壤湿度传感器的工作原理是通过电压比较得到结果。

如图 4-40 所示，比较器的一个输入端连接到 10kΩ 电位器，另一个输入端连接到由 10kΩ 电阻器和土壤湿度探测器形成的分压器网络。根据土壤中的水量，探头中的电导率会发生变化。如果水含量较少，则通过探针的电导率也较小，因此比较器的输入将很高，此时比较器的输出为高电平，LED 关闭。同样，当有足够的水时，探头的电导率会增加，比较器的输出变为低电平，LED 开始发光。

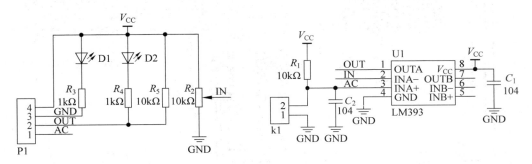

图 4-40 土壤湿度传感器电路原理图

4.3 土壤湿度传感器 FC-28 的特性与技术参数

1)主要功能特性

(1)传感器适用于土壤的湿度检测。

(2)模块中蓝色的电位器用于土壤湿度的阈值调节。顺时针调节,控制的湿度增大;逆时针调节,控制的湿度减小。

(3)数字量输出 D0 可以与单片机直接相连,通过单片机检测高低电平,由此来检测土壤湿度。

(4)控制板模拟量输出 A0(0~1023)可以和 AD 模块相连,通过 A/D 转换,可以获得土壤湿度更精确的数值。

2)主要技术参数

(1)因为长期被水锈蚀,土壤湿度传感器一般寿命在 1 年左右,真实情况取决于具体的加工工艺。

(2)通过电位器调节控制相应阈值,湿度低于设定值时,D0 输出高电平,模块提示灯亮;湿度高于设定值时,D0 输出低电平,模块提示灯灭。

(3)比较器采用 LM393 芯片,工作稳定。

(4)工作电压 3.3~5V。3V 时,在空气中 A0 读取的最大值为 695,浸泡在水里的最小值为 245;5V 时,在空气中 A0 读取的最大值为 1023,浸泡在水里的最小值为 245。

5. 拓展任务

使用 Arduino Uno 开发板、土壤湿度传感器和 LCD1602 制作一个土壤湿度监测仪装置,如图 4-41 所示。

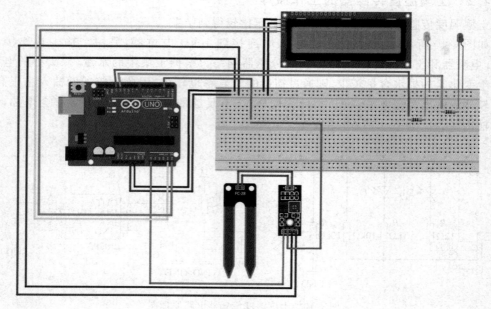

图 4-41 任务 4-6 拓展训练

6. 工作评价

6.1 考核评价

项目	考核内容		考核评分		
	内 容		配分	得分	批注
工作准备（30%）	能够正确理解工作任务 4-6 的内容、范围及工作指令		10		
	能够查阅和理解技术手册，确认土壤湿度传感器技术标准及要求		5		
	使用个人防护用品或衣着适当，能正确使用防护用品		5		
	准备工作场地及器材，能够识别工作场地的安全隐患		5		
	确认设备及工具、量具，检查其是否安全及能否正常工作		5		
实施程序（50%）	正确辨识工作任务所需的 Arduino Uno 开发板、土壤湿度传感器		10		
	正确检查 Arduino Uno 开发板、土壤湿度传感器有无损坏或异常		10		
	正确选择 USB 数据线和杜邦线		10		
	正确选用工具进行规范操作，完成装置安装、调试和维护		10		
	安全无事故并在规定时间内完成任务		10		
完工清理（20%）	收集和储存可以再利用的原材料、余料		5		
	按照维护工作程序，清洁垃圾、清洁和整理工作区域		5		
	对开发板、土壤湿度传感器、工具及设备进行清洁		5		
	按照工作程序，填写完成作业单		5		
考核评语	考核人员： 日期： 年 月 日		考核成绩		

6.2 导师评价

评价项目	评价内容	评价成绩	备注
工作准备	任务领会、资讯查询、器材准备	□A □B □C □D □E	
知识储备	系统认知、原理分析、技术参数	□A □B □C □D □E	
计划决策	任务分析、任务流程、实施方案	□A □B □C □D □E	
任务实施	专业能力、沟通能力、实施结果	□A □B □C □D □E	
职业道德	纪律素养、安全卫生、器材维护	□A □B □C □D □E	
其他评价			
教师签字：		日期： 年 月 日	

注：在选项"□"里打"√"，其中 A：90~100 分；B：80~89 分；C：70~79 分；D：60~69 分；E：不合格。

任务 4-7　气压识别装置的设计与制作

1. 工作任务

【任务目标】

使用 Arduino Uno 开发板和气压传感器设计制作一个嵌入式气压检测装置。

【任务描述】

气压传感器 BMP280 模块是一个低功耗、高精度数字复合传感器,它可以测量环境温度和大气压强。其中,气压敏感元件是一个低噪、高精度、高分辨率、绝对大气压力压电式感应元件;温度感测元件具有低噪、高分辨率特性,温度值可以对气压进行温度补偿自校正。通过配置采样率寄存器,可以设置敏感元件的采样率。气压传感器适用于空间有限的移动设备,如智能手机、平板电脑、智能手表和可穿戴设备、垂直速度指示、飞控设备、室内室外导航、智能家居装置等。

本任务通过 Arduino Uno 开发板和气压传感器 BMP280 模块设计制作一款气压监测装置,通过气压传感器测量列车内大气压力,以便超过阈值时及时采取措施,确保行车人员安全舒适。

【任务分析】

气压传感器 BMP280 模块接线比较简单,只要将其 6 个接口连接到 Arduino Uno 开发板对应的 6 个接口上即可,如图 4-42 所示。

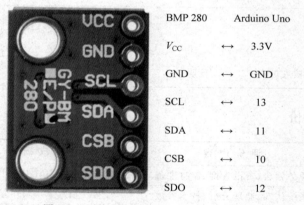

BMP 280		Arduino Uno
V_{CC}	↔	3.3V
GND	↔	GND
SCL	↔	13
SDA	↔	11
CSB	↔	10
SDO	↔	12

图 4-42　气压传感器 BMP280 模块接线

2. 任务资料

2.1　认识气压传感器

气压传感器是用于测量气体绝对压强的仪器,主要适用于与气体压强相关的物理实验,如气体定律等,也可以在生物和化学实验中测量干燥、无腐蚀性的气体压强。

气压传感器主要用来测量气体的压强大小,其中一个大气压量程的气压传感器通常用来测量天气的变化和利用气压和海拔高度的对应关系测量海拔高度。

2.2 认识气压传感器 BMP280 模块

气压传感器 BMP280 模块(图 4-43)是一款专为移动应用设计的绝对气压传感器。该传感器模块采用极其紧凑的封装,得益于小尺寸和低功耗特性,该器件可用在如移动电话、GPS 模块或手表等电池供电型设备中。气压传感器 BMP280 模块基于压阻式压力传感器技术,具有高准确度和线性度,以及长期稳定性和较高的 EMC 稳健性。多种设备工作选择带来了较高的灵活性,可以在功耗、分辨率和滤波性能方面对设备进行优化。

图 4-43　气压传感器 BMP280 模块(1)

3. 工作实施

3.1 材料准备

本次任务所需电子元器件材料清单如表 4-9 所示。

表 4-9　任务 4-7 所需电子元器件材料清单

序号	元器件名称	规　　格	数量
1	开发板	Arduino Uno	1 个
2	数据线	USB	1 条
3	面包板	MB-102	1 个
4	气压传感器	BMP280	1 个
5	杜邦线	公对母	若干

3.2 软件准备

使用气压传感器 BMP280 模块,需要用到其 Arduino 库 Adafruit_BMP280_Library,其下载地址如下。

https://github.com/adafruit/Adafruit_BME280_Library

https://github.com/mahfuz195/BMP280-Arduino-Library

https://github.com/adafruit/Adafruit_Sensor

注:以上库文件下载后解压导入 Arduino IDE 软件中即可。

3.3 安全事项

(1)作业前请检查是否穿戴好防护装备(护目镜、防静电手套等)。
(2)检查电源及设备材料是否齐备、安全可靠。
(3)检查开发板、气压传感器 BMP280 模块有无损坏或异常。
(4)作业时要注意摆放好设备材料,避免伤人或造成设备材料损伤。

3.4 任务实施

第 1 步:完成 Arduino Uno 开发板与气压传感器 BMP280 模块的硬件连接,如图 4-44 所示。

第 2 步：创建 Arduino 程序 "demo_4_7"。程序代码如下。

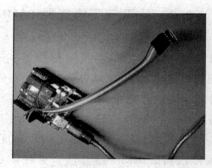

图 4-44　任务 4-7 电路设计

```
# include < Wire.h >
# include < SPI.h >
# include < Adafruit_Sensor.h >
# include < Adafruit_BMP280.h >
# define BMP280_SCL 13
# define BMP280_SDO 12
# define BMP280_SDA 11
# define BMP280_CBS 10
Adafruit_BMP280 bmp(BMP280_CBS,
BMP280_SDA,BMP280_SDO,BMP280_SCL);
void setup() {
  Serial.begin(9600);
  Serial.println("BMP280 测试...");
  if(!bmp.begin()){
    Serial.println("BMP280 罢工啦!");
    while(1){}
  }
}
void loop() {
  Serial.print("温度 = ");
  Serial.println(bmp.readTemperature());
  Serial.print("气压 = ");
  Serial.println(bmp.readPressure());
  Serial.print("海拔 = ");
  Serial.println(bmp.readAltitude(1014));
  delay(1000);
}
```

第 3 步：编译并上传程序至开发板，查看运行效果，如图 4-45 所示。

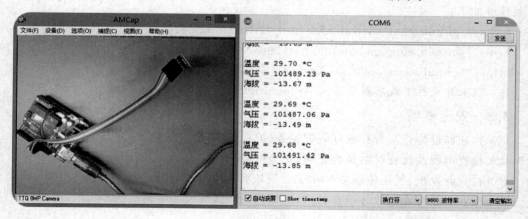

图 4-45　任务 4-7 运行效果

4. 技术知识

4.1 气压传感器 BMP280 模块

气压传感器 BMP280 模块是博世推出的数字气压传感器,具有卓越的性能和低廉的价格,相对精度为±0.12hPa(相当于±1m),传感器功耗仅有 2.7μA;BMP280 模块采用极其紧凑的 8 引脚金属盖 LGA 封装,占位面积仅为 2.0mm×2.5mm,封装高度为 0.95mm;有压力和温度测量功能,如图 4-46 所示。

图 4-46　气压传感器 BMP280 模块(2)

该气压传感器支持 SPI 和 I^{2}C 通信接口,相比上一代的 BMP180 模块,精度有较大的提升,非常适合应用于低成本的多旋翼飞行器的飞行控制器,价格仅有目前流行的 MS5611 的四分之一。传感器模块的小尺寸和 2.74μA/1Hz 的低功耗允许其在电池驱动的设备中实现。

4.2　BMP280 技术规格

(1) 气压工作范围 300～1100hPa(海拔 9000～−500m)。

(2) 工作温度范围:−40～+85℃。

(3) 相对的绝对精度:±0.12hPa(典型值)。

(4) 平均测量时间:5.5ms。

(5) 工作电压:1.71～3.6V。

(6) 电源电压:1.2～3.6V。

(7) I^{2}C 和串行外设接口(SPI)。

(8) 平均电流消耗典型值(1Hz 数据刷新率):2.74μA(超低功耗模式);睡眠模式下的平均电流消耗:0.1μA。

(9) 封装规格:2.0mm×2.5mm×0.95mm,8 引脚 LGA,全金属封装。

5. 拓展任务

完成如图 4-47 所示装置的设计与制作,并使用 Arduino Uno 开发板编程实现对气压传感器 BMP280 模块的 LCD 数据显示。

图 4-47 任务 4-7 拓展训练

6. 工作评价

6.1 考核评价

项目	考核内容		考核评分		
	内容		配分	得分	批注
工作准备（30%）	能够正确理解工作任务 4-7 的内容、范围及工作指令		10		
	能够查阅和理解技术手册,确认气压传感器 BMP280 模块技术标准及要求		5		
	使用个人防护用品或衣着适当,能正确使用防护用品		5		
	准备工作场地及器材,能够识别工作场地的安全隐患		5		
	确认设备及工具、量具,检查其是否安全及能否正常工作		5		
实施程序（50%）	正确辨识工作任务所需的 Arduino Uno 开发板、气压传感器 BMP280 模块		10		
	正确检查 Arduino Uno 开发板、气压传感器 BMP280 模块有无损坏或异常		10		
	正确选择 USB 数据线和跳线		10		
	正确选用工具进行规范操作,完成装置安装、调试和维护		10		
	安全无事故并在规定时间内完成任务		10		
完工清理（20%）	收集和储存可以再利用的原材料、余料		5		
	按照维护工作程序,清洁垃圾、清洁和整理工作区域		5		
	对开发板、气压传感器 BMP280 模块、工具及设备进行清洁		5		
	按照工作程序,填写完成作业单		5		
考核评语	考核人员： 日期： 年 月 日		考核成绩		

6.2 导师评价

评价项目	评价内容	评价成绩	备注
工作准备	任务领会、资讯查询、器材准备	□A □B □C □D □E	
知识储备	系统认知、原理分析、技术参数	□A □B □C □D □E	
计划决策	任务分析、任务流程、实施方案	□A □B □C □D □E	
任务实施	专业能力、沟通能力、实施结果	□A □B □C □D □E	
职业道德	纪律素养、安全卫生、器材维护	□A □B □C □D □E	
其他评价			
教师签字：		日期： 年 月 日	

注：在选项"□"里打"√"，其中 A：90～100 分；B：80～89 分；C：70～79 分；D：60～69 分；E：不合格。

任务 4-8　气体识别装置的设计与制作

1. 工作任务

【任务目标】

使用 Arduino Uno 开发板和气体传感器设计制作一个可燃性气体检测装置。

【任务描述】

气体传感器是检测液化天然气(LNG)、丁烷、丙烷、甲烷、乙醇、氢气、烟雾等的传感器。本次任务使用 Arduino Uno 开发板和 MQ-2 气体传感器编程实现对可燃性气体的检测。MQ-2 气体传感器具有重复性好、长期稳定性、响应时间短和耐用性能好的特性，被广泛用于家庭和工厂的气体泄漏监测。

本次任务使用的 MQ-2 气体传感器模块具有可调节的电阻器，可以调节传感器的烟雾灵敏度。在使用气体传感器时，应了解烟雾浓度会随着传感器和烟雾源之间的距离而变化。一般情况下，在相同环境中，越接近烟雾源，烟浓度越大。

【任务分析】

MQ-2 气体传感器尺寸及引脚说明如图 4-48 所示。引脚接线只需要将电源正负极引脚连接到 Arduino Uno 开发板的 +5V 和 GND 引脚，将 DOUT 和 AOUT 引脚连接到 Arduino Uno 开发板的数字引脚和模拟引脚即可。

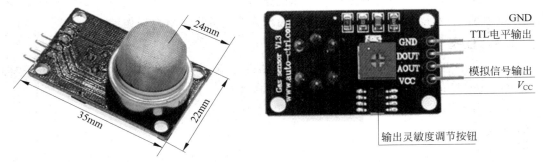

图 4-48　MQ-2 气体传感器尺寸及引脚说明

2. 任务资料

2.1 认识气体传感器

气体传感器是一种将某种气体体积分数转化成对应电信号的转换器。探测头通过气体传感器对气体样品进行调理，通常包括滤除杂质和干扰气体、干燥或制冷处理仪表显示部分。

2.2 认识 MQ-2 气体传感器

MQ-2 气体传感器（图 4-49）所使用的气敏材料是在清洁空气中电导率较低的二氧化锡（SnO_2）。当传感器所处环境中存在可燃气体时，传感器的电导率随空气中可燃气体浓度的增加而增大。使用简单的电路即可将电导率的变化转换为与该气体浓度相对应的输出信号。MQ-2 气体传感器可检测多种可燃性气体，是一款适合多种应用的低成本传感器。

图 4-49 MQ-2 气体传感器（1）

3. 工作实施

3.1 材料准备

本次任务所需电子元器件材料清单如表 4-10 所示。

表 4-10 任务 4-8 所需电子元器件材料清单

序号	元器件名称	规格	数量
1	开发板	Arduino Uno	1 个
2	数据线	USB	1 条
3	气体传感器	MQ-2	1 个
4	杜邦线	公对母	若干

3.2 安全事项

（1）作业前请检查是否穿戴好防护装备（护目镜、防静电手套等）。

（2）检查电源及设备材料是否齐备、安全可靠。

（3）检查开发板、气体传感器有无损坏或异常。

（4）作业时要注意摆放好设备材料，避免伤人或造成设备材料损伤。

3.3 任务实施

第 1 步：使用 Fritzing 软件设计并绘制电路设计图，如图 4-50 所示。根据电路设计图，完成 Arduino Uno 开发板与其他电子元件的硬件连接。

第 2 步：创建 Arduino 程序 "demo_4_8"。程序代码如下。

```
#define A0 A0              //MQ-2 A0 接 Arduino Uno A0
int data = 0;              //临时变量,存储 A0 读取的数据
void setup() {
```

项目4　环境传感器装置的设计与制作　149

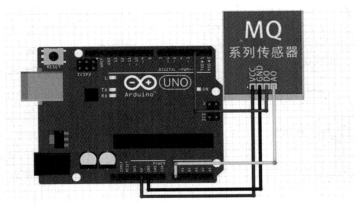

图 4-50　气体传感器电路设计

```
    Serial.begin(9600);        //定义波特率
    pinMode(A0, INPUT);        //定义 A0 为 INPUT 模式
}
void loop() {
    data = analogRead(A0);     //读取 A0 的模拟数据
    Serial.println(data);      //串口输出 data 的数据
    delay(1000);               //延时 500ms
}
```

第 3 步：编译并上传程序至开发板，查看运行效果，如图 4-51 所示。

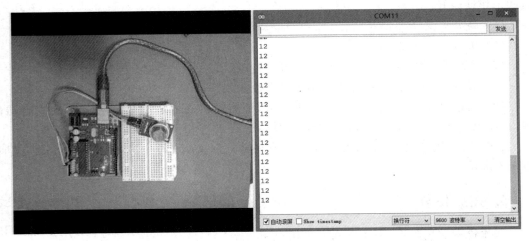

图 4-51　气体传感器运行效果

4. 技术知识

4.1　MQ-2 气体传感器

MQ-2 气体传感器对天然气、液化石油气等烟雾有较高的灵敏度，尤其对烷类烟雾更为敏感，具有良好的抗干扰性，可准确排除有刺激性、非可燃性烟雾的干扰信息，可用于家庭和

工厂的气体泄漏监测装置,适用于液化气、苯、烷、酒精、氢气、烟雾等的探测,是一个多种气体探测器。它的优点为灵敏度高、响应快、稳定性好、寿命长、驱动电路简单和性价比高。

4.2 MQ-2 气体传感器工作原理

MQ-2 气体传感器(图 4-52)使用的气敏材料是二氧化锡,属于表面离子式 N 型半导体。处于 200~300℃时,二氧化锡吸附空气中的氧,形成氧的负离子吸附,使半导体中的电子密度减小,从而使其电阻值增加。当与烟雾接触时,如果晶粒间界处的势垒受到烟雾的调节而发生变化,就会引起表面导电率的变化。利用这一点就可以获得这种烟雾存在的信息,烟雾的浓度越大,导电率越大,输出电阻越低,则输出的模拟信号越大。

图 4-52　MQ-2 气体传感器(2)

MQ-2 气体传感器的特性如下。

(1) 广泛的探测范围。

(2) 具有良好的抗干扰性,可准确排除有刺激性、非可燃性烟雾的干扰信息(经过测试:对烷类的感应度比纸张木材燃烧产生的烟雾要好得多,输出电压升高较快)。

(3) 其检测可燃气体与烟雾的范围是 100~10000ppm(ppm 为体积浓度,1ppm=$1cm^3/m^3$)。

(4) MQ-2 气体传感器具有良好的重复性和长期的稳定性。初始稳定,响应时间短,长时间工作性能好。

(5) 高灵敏度($R_{in\ air}/R_{in\ typical\ gas} \geqslant 5$)。

(6) 快速响应恢复(≤30s)。

(7) 合理的工作环境(环境温度:-20~+55℃)。

(8) 寿命长(90%的产品几十年不需要更换探测头)。

(9) 电路设计电压范围宽,24V 以下均可,加热电压(5±0.2)V(加热电压要在合适范围内,如果过高,会导致内部的信号线熔断使器件报废)。

(10) 需要注意的是:在使用之前必须加热一段时间(30s 左右),否则其输出的电阻和电压不准确。

5. 拓展任务

气体检测装置如图 4-53 所示。采用 Arduino Uno 开发板控制主板,通过 MQ-2 气体传感器实时监测周围的有害气体浓度,将浓度值传送给 Arduino Uno 开发板进行判断是否通过蜂鸣器报警,并通过 OLED 显示屏显示其浓度。如果报警,则控制 LED 闪烁示警并实时通过串口发送至上位机。

图 4-53　任务 4-8 拓展训练

6. 工作评价

6.1 考核评价

项目	考核内容		考核评分		
	内　容		配分	得分	批注
工作准备 (30%)	能够正确理解工作任务 4-8 的内容、范围及工作指令		10		
	能够查阅和理解技术手册,确认 MQ-2 气体传感器技术标准及要求		5		
	使用个人防护用品或衣着适当,能正确使用防护用品		5		
	准备工作场地及器材,能够识别工作场地的安全隐患		5		
	确认设备及工具、量具,检查其是否安全及能否正常工作		5		
实施程序 (50%)	正确辨识工作任务所需的 Arduino Uno 开发板、MQ-2 气体传感器		10		
	正确检查 Arduino Uno 开发板、MQ-2 气体传感器有无损坏或异常		10		
	正确选择 USB 数据线和杜邦线		10		
	正确选用工具进行规范操作,完成装置安装、调试和维护		10		
	安全无事故并在规定时间内完成任务		10		
完工清理 (20%)	收集和储存可以再利用的原材料、余料		5		
	按照维护工作程序,清洁垃圾、清洁和整理工作区域		5		
	对开发板、MQ-2 气体传感器、工具及设备进行清洁		5		
	按照工作程序,填写完成作业单		5		
考核评语	考核人员:　　　　日期:　　　年　月　日		考核成绩		

6.2 导师评价

评价项目	评价内容	评价成绩	备注
工作准备	任务领会、资讯查询、器材准备	□A □B □C □D □E	
知识储备	系统认知、原理分析、技术参数	□A □B □C □D □E	
计划决策	任务分析、任务流程、实施方案	□A □B □C □D □E	
任务实施	专业能力、沟通能力、实施结果	□A □B □C □D □E	
职业道德	纪律素养、安全卫生、器材维护	□A □B □C □D □E	
其他评价			
教师签字:　　　　　　　　　　　　　　　日期:　　　年　月　日			

注:在选项"□"里打"√",其中 A:90～100 分;B:80～89 分;C:70～79 分;D:60～69 分;E:不合格。

任务 4-9 粉尘识别装置的设计与制作

1. 工作任务

【任务目标】

使用 Arduino Uno 开发板和粉尘传感器设计制作一个 PM2.5 空气质量检测装置。

【任务描述】

微粒和分子在光的照射下会产生光的散射现象,如图 4-54 所示。当有粉尘时,LED 的光会因为散射被接收传感器所接收,再通过电路解析输出 PWM。可以简单理解成:无反射光时输出 1,有反射光时输出 0。内部的气流发生器就是一个加热装置,用于产生热,使气流在传感器内部流动。

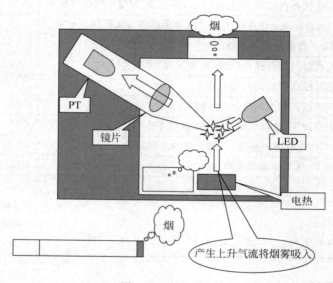

图 4-54 粉尘检测

本任务设计一个简易的粉尘识别装置,当监测 PM2.5 超标时给出报警提示,并协同智能控制系统开启室内空气净化系统,对空气中的颗粒物、化学物质进行过滤,从而改善区域环境。

本次任务通过粉尘传感器获取当前空气 PM2.5 的值,并通过 Arduino Uno 开发板串口将数据发送给上位机进行显示,从而实现对粉尘的识别检测。

【任务分析】

本次任务使用的粉尘传感器 GP2Y1014AU 电路原理如图 4-55 所示。

- V_{CC}:接 Arduino Uno 开发板的 +5V。
- GND:接 Arduino Uno 开发板的 GND。
- AOUT:接 Arduino Uno 开发板的模拟端口 A5。
- I_{LED}:接 Arduino Uno 开发板的数字端口 D12。

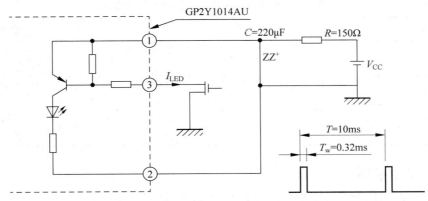

图 4-55 粉尘传感器 GP2Y1014AU 电路原理

2. 任务资料

2.1 认识粉尘传感器

粉尘传感器是一种用于感知灰尘的传感器,可以感知烟气和花粉、房屋粉尘等 $1\mu m$ 以上的微小粒子。其检测原理是微粒和分子在光的照射下会产生光的散射现象,与此同时,还吸收部分照射光的能量。当一束平行单色光入射到被测颗粒场时,受到颗粒周围散射和吸收的影响,光强将被衰减,如此便可求得入射光通过待测浓度场的相对衰减率,而相对衰减率的大小基本可以线性反应待测场灰尘的相对浓度。光强的大小和经光电转换的电信号强弱成正比,通过测得电信号就可以求得相对衰减率。

2.2 认识粉尘传感器 GP2Y1014AU

粉尘传感器 GP2Y1014AU(图 4-56)是夏普公司开发的一款光学灰尘监测传感器模块。粉尘传感器中间有一个大洞,空气可以自由流过,传感器邻角位置放着红外发光二极管和光电晶体管。红外发光二极管定向发送红外线,当空气中有微粒阻碍红外线时,红外线发送漫反射,光电晶体管接收到红外线,信号输出引脚电压发送变化。其属性值如下。

(1) 供电电压:5~7V。
(2) 工作温度:$-10\sim65$℃。
(3) 监测最小直径:$0.8\mu m$。
(4) 灵敏度:$0.5V/(0.1mg/m^3)$,灰尘浓度每变化 $0.1mg/m^3$,输出电压变化 $0.5V$。

图 4-56 粉尘传感器 GP2Y1014AU

3. 工作实施

3.1 材料准备

本次任务所需电子元器件材料清单如表 4-11 所示。

表 4-11　任务 4-9 所需电子元器件材料清单

序号	元器件名称	规　　格	数量
1	开发板	Arduino Uno	1个
2	数据线	USB	1条
3	粉尘传感器	GP2Y1014AU	1个
4	电容	220μF	1个
5	电阻	150Ω	1个
6	跳线	引脚	若干

3.2　安全事项

（1）作业前请检查是否穿戴好防护装备（护目镜、防静电手套等）。
（2）检查电源及设备材料是否齐备、安全可靠。
（3）检查开发板、粉尘传感器有无损坏或异常。
（4）作业时要注意摆放好设备材料，避免伤人或造成设备材料损伤。

3.3　任务实施

第 1 步：使用 Fritzing 软件设计并绘制电路设计图，如图 4-57 所示。根据电路设计图，完成 Arduino Uno 开发板与其他电子元件的硬件连接，如图 4-58 所示。

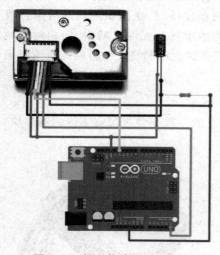

图 4-57　粉尘传感器电路设计

图 4-58　粉尘传感器硬件连接

第 2 步：创建 Arduino 程序"demo_4_9"。程序代码如下。

```
int measurePin = A5;
int ledPower = 12;
unsigned int samplingTime = 280;
unsigned int deltaTime = 40;
unsigned int sleepTime = 9680;
float voMeasured = 0;
float calcVoltage = 0;
```

```
float dustDensity = 0;

void setup(){
  Serial.begin(9600);
  pinMode(ledPower,OUTPUT);
}
void loop(){
  digitalWrite(ledPower,LOW);
  delayMicroseconds(samplingTime);
  voMeasured = analogRead(measurePin);
  delayMicroseconds(deltaTime);
  digitalWrite(ledPower,HIGH);
  delayMicroseconds(sleepTime);
  calcVoltage = voMeasured * (5.0/1024);
  dustDensity = 0.17 * calcVoltage - 0.1;
  if ( dustDensity < 0)
  {
    dustDensity = 0.00;
  }
  Serial.println("Raw Signal Value (0 - 1023):");
  Serial.println(voMeasured);
  Serial.println("Voltage:");
  Serial.println(calcVoltage);
  Serial.println("Dust Density:");
  Serial.println(dustDensity);
  delay(1000);
}
```

第 3 步：编译并上传程序至开发板，查看运行效果，如图 4-59 所示。

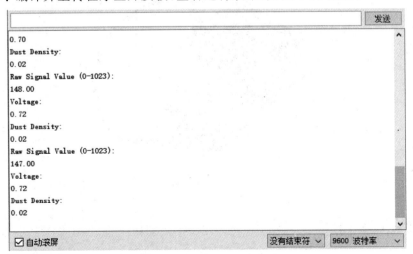

图 4-59　任务 4-9 运行效果

4. 技术知识

1) 粉尘传感器 GP2Y1014AU 的特性

（1）使用简易：只需要一个 AD 采集引脚和一个控制引脚就能使用。

（2）模拟量输出：输出电压大小与灰尘浓度在有效量程内呈线性关系。内置衰减电路，输出电压不超过 1.5V。

（3）灵敏度：$0.5V/(100\mu g/m^3)$。

（4）有效量程：$500\mu g/m^3$。

（5）宽供电范围：内置升压电路，工作电压范围 2.5～5.5V。

（6）低功耗：在一个采样周期内，电流不超过 20mA。

2) 粉尘传感器 GP2Y1014AU 的规格参数

（1）产品尺寸：63.2mm×41.3mm×21.1mm。

（2）固定孔尺寸：2.0mm（4 个）。

（3）通气孔尺寸：9.0mm。

3) 粉尘传感器 GP2Y1014AU 的接口说明

以接入 Arduino Uno 开发板为例。

（1）V_{CC}：接 2.5～5.5V。

（2）GND：接 GND。

（3）AOUT：接 MCU.IO（模拟量输出）。

（4）I_{LED}：接 MCU.IO（模块驱动引脚）。

4) 粉尘传感器 GP2Y1014AU 的使用

粉尘传感器 GP2Y1014AU 可以采用 Arduino Uno 扩展板，硬件连接电路如图 4-60 所示。

图 4-60　粉尘传感器 GP2Y1014AU 的使用

5. 拓展任务

使用 Arduino Uno 开发板实现粉尘检测仪装置的设计与制作，如图 4-61 所示。

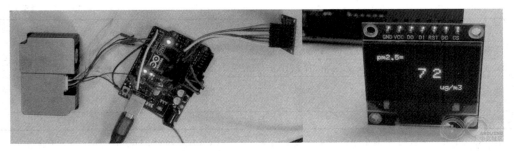

图 4-61　任务 4-9 拓展训练

6. 工作评价

6.1 考核评价

项目	考核内容		考核评分		
	内　容	配分	得分	批注	
工作准备（30%）	能够正确理解工作任务 4-9 的内容、范围及工作指令	10			
	能够查阅和理解技术手册,确认粉尘传感器技术标准及要求	5			
	使用个人防护用品或衣着适当,能正确使用防护用品	5			
	准备工作场地及器材,能够识别工作场地的安全隐患	5			
	确认设备及工具、量具,检查其是否安全及能否正常工作	5			
实施程序（50%）	正确辨识工作任务所需的 Arduino Uno 开发板、粉尘传感器	10			
	正确检查 Arduino Uno 开发板、粉尘传感器有无损坏或异常	10			
	正确选择 USB 数据线和跳线	10			
	正确选用工具进行规范操作,完成装置安装、调试和维护	10			
	安全无事故并在规定时间内完成任务	10			
完工清理（20%）	收集和储存可以再利用的原材料、余料	5			
	按照维护工作程序,清洁垃圾、清洁和整理工作区域	5			
	对开发板、粉尘传感器、工具及设备进行清洁	5			
	按照工作程序,填写完成作业单	5			
考核评语	考核人员：　　　　　日期：　　年　月　日	考核成绩			

6.2 导师评价

评价项目	评价内容	评价成绩	备注
工作准备	任务领会、资讯查询、器材准备	□A □B □C □D □E	
知识储备	系统认知、原理分析、技术参数	□A □B □C □D □E	
计划决策	任务分析、任务流程、实施方案	□A □B □C □D □E	

续表

评价项目	评价内容	评价成绩	备注
任务实施	专业能力、沟通能力、实施结果	□A □B □C □D □E	
职业道德	纪律素养、安全卫生、器材维护	□A □B □C □D □E	
其他评价			
教师签字：		日期： 年 月 日	

注：在选项"□"里打"√"，其中 A：90~100 分；B：80~89 分；C：70~79 分；D：60~69 分；E：不合格。

项 目 小 结

本项目介绍了 Arduino 常用传感器，如温度、温湿度、火焰、水位、雨量、土质、气压、气体、粉尘等传感器模块的应用，并重点介绍了使用 Arduino Uno 开发板采集这些传感器数据的硬件电路设计、程序编码及调试运行方式。

项目要点：熟练掌握 LM35、DHT11、火焰、水位、雨量、土质、气压、气体、粉尘等传感器模块的使用方法，熟练掌握 Arduino Uno 开发板应用这些传感器的电路设计和程序设计的方法与技巧。

项 目 评 价

在本项目教学和实施过程中，教师和学生可以根据以下项目考核评价表对各项任务进行考核评价。考核主要针对学生在技术知识、任务实施（技能情况）、拓展任务（实战训练）的掌握程度和完成效果进行评价。

工作任务	评价内容									
	技术知识		任务实施		拓展任务		完成效果		总体评价	
	个人评价	教师评价	个人评价	教师评价	个人评价	教师评价	个人评价	教师评价	个人评价	教师评价
任务 4-1										
任务 4-2										
任务 4-3										
任务 4-4										
任务 4-5										
任务 4-6										
任务 4-7										
任务 4-8										
任务 4-9										

	续表
存在问题与解决办法 （应对策略）	
学习心得与体会分享	

实训与讨论

一、实训题

1. 使用 Arduino Uno 开发板、LM35 和 LED 设计制作一个温控水杯装置。
2. 使用 Arduino Uno 开发板、气压传感器和粉尘传感器设计制作一个环境监测仪。

二、讨论题

1. 举一些自动识别传感器技术的应用实例，并说明它们的用途。
2. 举例说明传感器技术在轨道交通行业的应用。

项目 5

无线传感器装置的设计与制作

知识目标

- 了解声音、激光、超声波等各类常用无线识别装置的设计与制作方法。
- 了解 Arduino Uno 开发板控制声音、激光、超声波等无线识别传感器的原理和设计方式。
- 掌握声音、激光、超声波等无线识别装置的程序设计和代码实现。

技能目标

- 懂使用 Arduino Uno 开发板控制声音、激光、超声波等传感器模块的电路设计与制作方法。
- 会编写 Arduino 程序实现对声音、激光、超声波等传感器件常用电路的控制。
- 能独立完成声音、激光、超声波等无线识别装置的制作。

素质目标

- 具备无线传输通信作业的安全意识和职业素养。
- 具有不惧挫折、奋发向上的顽强精神。
- 养成良好的设计行为习惯。

工作任务

- 任务 5-1　声音识别装置的设计与制作
- 任务 5-2　激光识别装置的设计与制作
- 任务 5-3　超声波识别装置的设计与制作
- 任务 5-4　红外识别装置的设计与制作
- 任务 5-5　RFID 识别装置的设计与制作
- 任务 5-6　NFC 识别装置的设计与制作

任务 5-1 声音识别装置的设计与制作

1. 工作任务

【任务目标】
使用 Arduino Uno 开发板和声控模块设计与制作一个声控装置。

【任务描述】
声音模块相当于一个麦克风,它用来接收声波,显示声音的振动图像,但不能对噪声的强度进行测量。传感器内置一个对声音敏感的电容式驻极体话筒。声波使话筒内的驻极体薄膜振动,导致电容的变化,从而产生与之对应变化的微小电压。这一电压随后被转化成 0~5V 的电压,经过 A/D 转换被数据采集器接收,并传送给 Arduino Uno 开发板。

本任务使用声音传感器编程实现声控灯光的效果。声控灯在生活中非常普遍,最常见的就是在公用走廊、大厦楼梯间、公共洗手间等公共场合。本任务使用 Arduino Uno 开发板和声音模块设计制作一个声音感应灯控装置。

【任务分析】
声音模块的使用非常简单,只需要将声音模块的模拟引脚 A0 连接到 Arduino Uno 开发板的模拟端口 A0,并且将 V_{CC} 和 GND 引脚连接到 Arduino Uno 开发板的 +5V 和 GND 引脚即可。声音模块的电路原理如图 5-1 所示。

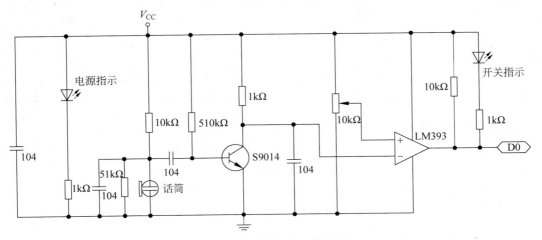

图 5-1 声音模块的电路原理

2. 任务资料

声音传感器 KY-038 模块是一款兼容 Arduino、集成有高感度声音传感器的电路板模块,如图 5-2 所示。该模块拥有 4 个引脚,分别是 5V、GND、A0 和 D0 引脚。其中 A0 和 D0 引脚的功能如下。

- A0:模拟量输出,实时输出麦克风的电压信号。

图 5-2 声音传感器 KY-038 模块

- D0：当声音强度到达某个阈值时，输出高低电平信号（阈值-灵敏度可以通过电位器调节）。

3. 工作实施

3.1 材料准备

本次任务所需电子元器件材料清单如表 5-1 所示。

表 5-1 任务 5-1 所需电子元器件材料清单

序号	元器件名称	规　　格	数量
1	开发板	Arduino Uno	1个
2	数据线	USB	1条
3	声控模块	KY-038	1个
4	杜邦线	公对母	若干

3.2 安全事项

（1）作业前请检查是否穿戴好防护装备（护目镜、防静电手套等）。
（2）检查电源及设备、材料是否齐备、安全可靠。
（3）检查开发板、声控模块有无损坏或异常。
（4）作业时要注意摆放好设备材料，避免伤人或造成设备材料损伤。

3.3 任务实施

第 1 步：完成 Arduino Uno 开发板与声控模块的硬件连接，如图 5-3 所示。
第 2 步：创建 Arduino 程序"demo_5_1"。程序代码如下。

```
int voicePin = A0;
int ledPin = 13;
int value;
void setup() {
  pinMode(ledPin, OUTPUT);
  pinMode(voicePin, INPUT);
```

项目5　无线传感器装置的设计与制作

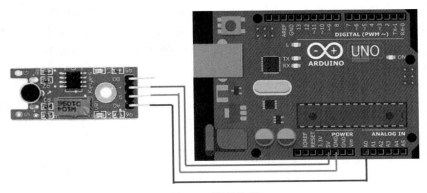

图 5-3　硬件连接

```
  Serial.begin(9600);
}
void loop() {
  value = analogRead(voicePin);
  Serial.println(value);
  if(value > 75){
    digitalWrite(ledPin,HIGH);
    delay(3000);
  }
  digitalWrite(ledPin,LOW);
}
```

第 3 步：编译并上传程序至开发板，查看运行效果，如图 5-4 所示。

图 5-4　任务 5-1 运行效果

4. 技术知识

4.1　声控模块

声控模块是一种能够感知周围环境中声音的模块，通常由一个或多个麦克风组成。它们可以将声音信号转换为电信号，以便计算机、嵌入式系统等设备进行处理。它的工作原理基于压电效应。当声波撞击传感器表面时，传感器内部的压电材料产生微小的电荷变化，这种变化可被测量并转换为数字信号。此外，声控模块还需要前置放大器来增强电荷变化信号,并过滤其他类型的干扰信号。声控模块的应用非常广泛。在安防监控中,声控模块可以检测突发事件或犯罪现场产生的噪声;在医疗诊断中,声控模块可以帮助医生诊断心脏和肺部的疾病;在语音识别中,声控模块可以将人类语音转换为可供计算机理解和处理的数字信号;在音乐制作中,声控模块可以捕捉演唱者或乐器发出的声音,以便录制和制作音乐。

4.2 声控模块特点

声控模块具有以下特点。
(1) 使用 5V 直流电源供电(工作电压 3.3~5V)。
(2) 有模拟量输出 A0,实时麦克风电压信号输出。
(3) 有阈值翻转电平输出 D0,高/低电平信号输出(0 和 1)。
(4) 具有高灵敏度,驻极体电容式麦克风(ECM)传感器。
(5) 通过电位计调节灵敏度。
(6) 有电源指示灯,比较器输出有指示灯。
(7) 设有 3mm 固定螺栓孔,方便安装。
(8) 声控模块 PCB 尺寸:3.2cm×1.7cm。
(9) 可以检测周围环境的声音强度。此传感器只能识别声音的有无(根据振动原理),不能识别声音的大小或者特定频率的声音。

4.3 声控模块使用说明

(1) 声控模块对环境声音强度最敏感,一般用来检测周围环境的声音强度。
(2) 模块在环境声音强度达不到设定阈值时,模块 OUT 输出高电平;当外界环境声音强度超过设定阈值时,模块 OUT 输出低电平。
(3) 声控模块数字量输出 OUT 可以与 Arduino Uno 直接相连,通过单片机检测高低电平,由此检测环境的声音。
(4) 声控模块数字量输出 OUT 可以直接驱动继电器模块,由此可以组成一个声控开关。

5. 拓展任务

使用 Arduino Uno 开发板和声控模块实现如图 5-5 所示声控装置的设计制作。

图 5-5 任务 5-1 拓展训练

6. 工作评价

6.1 考核评价

项目	考核内容		考核评分		
		内　　容	配分	得分	批注
工作准备（30%）	能够正确理解工作任务 5-1 的内容、范围及工作指令		10		
	能够查阅和理解技术手册，确认声控模块技术标准及要求		5		
	使用个人防护用品或衣着适当，能正确使用防护用品		5		
	准备工作场地及器材，能够识别工作场地的安全隐患		5		
	确认设备及工具、量具，检查其是否安全及能否正常工作		5		
实施程序（50%）	正确辨识工作任务所需的 Arduino Uno 开发板和声控模块		10		
	正确检查 Arduino Uno 开发板及声控模块有无损坏或异常		10		
	正确选择 USB 数据线和杜邦线		10		
	正确选用工具进行规范操作，完成装置安装、调试和维护		10		
	安全无事故并在规定时间内完成任务		10		
完工清理（20%）	收集和储存可以再利用的原材料、余料		5		
	按照维护工作程序，清洁垃圾、清洁和整理工作区域		5		
	对开发板、声控模块、工具、设备进行清洁		5		
	按照工作程序，填写完成作业单		5		
考核评语	考核人员：　　　　日期：　　　年　月　日		考核成绩		

6.2 导师评价

评价项目	评价内容	评价成绩	备注
工作准备	任务领会、资讯查询、器材准备	□A □B □C □D □E	
知识储备	系统认知、原理分析、技术参数	□A □B □C □D □E	
计划决策	任务分析、任务流程、实施方案	□A □B □C □D □E	
任务实施	专业能力、沟通能力、实施结果	□A □B □C □D □E	
职业道德	纪律素养、安全卫生、器材维护	□A □B □C □D □E	
其他评价			
教师签字：		日期：　　　年　月　日	

注：在选项"□"里打"√"，其中 A：90～100 分；B：80～89 分；C：70～79 分；D：60～69 分；E：不合格。

任务 5-2　激光识别装置的设计与制作

1. 工作任务

【任务目标】

使用 Arduino Uno 开发板和激光模块编程实现激光感应装置的设计与制作。

【任务描述】

激光被称为"最快的刀""最准的尺""最亮的光",英文全称为 light amplification by stimulated emission of radiation,即 LASER。从激光的英文全称可以知道制造激光的主要过程。激光是原子受激辐射产生的光,即原子中的电子吸收能量后从低能级跃迁到高能级,再从高能级回落到低能级时所释放的能量以光子的形式放出。被引诱(激发)出来的光子束(激光),其中的光子光学特性高度一致,这使得激光比普通光源单色性更好、亮度更高、方向性更好。

激光应用非常广泛,有激光打标、激光焊接、激光切割、光纤通信、激光测距、激光雷达、激光武器、激光唱片、激光矫视、激光美容、激光扫描、激光灭蚊器、激光无损检测等。

由于激光的抗干扰能力强,所以能在恶劣环境下或高温条件下进行高速检测。在轨道交通领域中,激光技术不仅被应用于进行内部缺陷检测,还可完成表面轮廓检测,实现对钢轨道岔、平交道口、不良接缝处的探伤,完成对缺陷、裂纹、变形、劈裂、擦伤、扣件缺失、扣件错位、扣件折断、异物缺陷等信号的自动识别,全方位反映线路质量数据。此外,还可完成对车轮、车轴由里至外的探伤。

本任务通过 Arduino Uno 开发板编程实现对激光发射模块和激光接收模块的感应控制。

【任务分析】

激光模块有激光发射模块和激光接收模块之分,两者配套使用。本任务使用一个激光发射模块和一个激光接收模块,分别连接到 Arduino Uno 开发板中,以此设计制作一个激光感应装置。激光控制电路原理如图 5-6 所示。

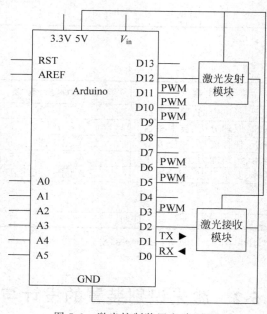

图 5-6 激光控制装置电路原理

其中接线方式如下。

(1) Arduino Uno 开发板与激光发射模块的引脚连接。

D12 ↔ S(信号引脚)

5V ↔ ＋（电源正极）
GND ↔ －（电源负极）
（2）Arduino Uno 开发板与激光接收模块的引脚连接。
D2 ↔ OUT（信号输出）
5V ↔ V_{CC}（电源正极）
GND ↔ GND（电源负极）

2. 任务资料

2.1 认识激光发射模块

激光发射模块又叫激光头模块，是一种用于发射激光的电子元件模块，如图 5-7 所示，由激光发射二极管、管体和控制电路板组成。本任务使用的是 KY-008 激光发射模块，它采用的激光发射二极管直径为 6.0mm 或 6.5mm，有正、负接线柱，工作电压为 3.0V 或 5V，激光为红光、点状光斑，管体为铜材，直径为 6.8mm，主要用于激光类电子教鞭、水平仪、地线仪、发光陀螺、打火机等。KY-008 激光发射模块有 3 个引脚，分别是 5V、GND 和 S 引脚。其中 S 引脚为信号引脚，接数字端口。

2.2 认识激光接收模块

激光接收模块如图 5-8 所示，用于接收激光发射模块发射出来的激光束。该模块有 3 个引脚，分别为 GND、OUT、V_{CC}。其中，V_{CC} 和 GND 分别接 5V 电源和地，OUT 为输出引脚，可以连接到 Arduino Uno 开发板中的数字引脚。

图 5-7 激光发射模块

图 5-8 激光接收模块

3. 工作实施

3.1 材料准备

本次任务所需电子元器件材料清单如表 5-2 所示。

表 5-2　任务 5-2 所需电子元器件材料清单

序号	元器件名称	规　　格	数量
1	开发板	Arduino Uno	1个
2	数据线	USB	1条
3	激光发射模块	KY-008	1个
4	激光接收模块		1个
5	杜邦线	公对母	若干

3.2　安全事项

（1）作业前请检查是否穿戴好防护装备（护目镜、防静电手套等）。
（2）检查电源及设备、材料是否齐备、安全可靠。
（3）检查开发板、激光发射模块、激光接收模块有无损坏或异常。
（4）作业时要注意摆放好设备、材料，避免伤人或造成设备、材料损伤。

3.3　任务实施

第 1 步：完成 Arduino Uno 开发板与激光发射模块、激光接收模块的硬件连接，如图 5-9 所示。

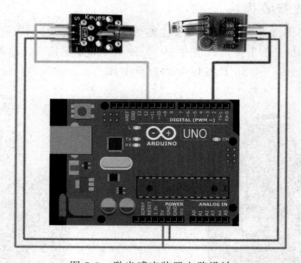

图 5-9　激光感应装置电路设计

第 2 步：创建 Arduino 程序"demo_5_2"。程序代码如下。

```
int LED = 13;                          //定义 LED 引脚为 13(即板子上的 LED 灯)
int LaserSensor = 2;                   //定义激光接收模块信号引脚为 2
int SensorReading = HIGH;              //定义激光接收模块信号引脚为高电平
int Laser = 12;                        //定义激光发射模块信号引脚为 12
void setup() {
  pinMode(LED, OUTPUT);                //定义 LED 为输出模式
  pinMode(Laser, OUTPUT);              //定义 Laser 为输出模式
  pinMode(LaserSensor, INPUT);         //定义 LaserSensor 为输入模式
}
void loop() {
```

```
    digitalWrite(Laser, HIGH);                //给 Laser 高电平,激光发射模式发射激光
    delay(200);                               //延时 200ms
    SensorReading = digitalRead(LaserSensor); //读取 LaserSensor 激光接收模块信号引脚的当前状态
    if(SensorReading == LOW)                  //如果等于低电平
    {
        digitalWrite(LED, HIGH);              //则灯亮(发射与接收之间有东西遮挡)
    }
    else
    {
        digitalWrite(LED, LOW);               //否则灯灭(发射与接收之间没有障碍物)
    }
}
```

第 3 步:编译并上传程序至开发板,查看运行效果,如图 5-10 所示。

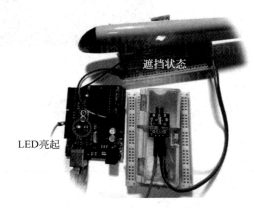

图 5-10　任务 5-2 运行结果

4. 技术知识

激光发射模块的特性如下。
- 激光小铜头:红光。
- 发射功率:150mW。
- 标准尺寸:$\phi 6 \times 10.5$mm。
- 工作寿命:1000h 以上。
- 光斑模式:点状光斑,连续输出。
- 激光波长:650nm(红色)。
- 出光功率:<5mW。
- 供电电压:5V DC。
- 工作电流:<40mA。
- 工作温度:$-36 \sim 65$℃。
- 贮存温度:$-36 \sim 65$℃。
- 光点大小:15m 处光点为 $\phi 10 \sim \phi 15$mm。

激光接收模块的技术知识见前文。

5. 拓展任务

完成如图 5-11 所示激光报警装置的设计与制作,并使用 Arduino Uno 开发板编程实现对激光报警装置的控制。

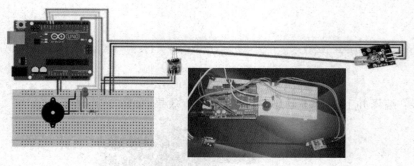

图 5-11　任务 5-2 拓展训练

6. 工作评价

6.1 考核评价

项目	考核内容		考核评分		
	内　容	配分	得分	批注	
工作准备（30%）	能够正确理解工作任务 5-2 的内容、范围及工作指令	10			
	能够查阅和理解技术手册,确认激光发射模块和激光接收模块技术标准及要求	5			
	使用个人防护用品或衣着适当,能正确使用防护用品	5			
	准备工作场地及器材,能够识别工作场所地安全隐患	5			
	确认设备及工具、量具,检查其是否安全及能否正常工作	5			
实施程序（50%）	正确辨识工作任务所需的 Arduino Uno 开发板和激光发射模块和激光接收模块	10			
	正确检查 Arduino Uno 开发板、激光发射模块和激光接收模块等有无损坏或异常	10			
	正确选择 USB 数据线和杜邦线	10			
	正确选用工具进行规范操作,完成装置安装、调试和维护	10			
	安全无事故并在规定时间内完成任务	10			
完工清理（20%）	收集和储存可以再利用的原材料、余料	5			
	按照维护工作程序,清洁垃圾、清洁和整理工作区域	5			
	对开发板、激光发射模块、激光接收模块、工具及设备进行清洁	5			
	按照工作程序,填写完成作业单	5			
考核评语		考核成绩			
	考核人员：　　　　日期：　　年　月　日				

6.2 导师评价

评价项目	评价内容	评价成绩	备注
工作准备	任务领会、资讯查询、器材准备	□A □B □C □D □E	
知识储备	系统认知、原理分析、技术参数	□A □B □C □D □E	
计划决策	任务分析、任务流程、实施方案	□A □B □C □D □E	
任务实施	专业能力、沟通能力、实施结果	□A □B □C □D □E	
职业道德	纪律素养、安全卫生、器材维护	□A □B □C □D □E	
其他评价			
教师签字：		日期： 年 月 日	

注：在选项"□"里打"√",其中 A：90~100 分；B：80~89 分；C：70~79 分；D：60~69 分；E：不合格。

任务 5-3　超声波识别装置的设计与制作

1. 工作任务

【任务目标】

使用 Arduino Uno 开发板和超声波传感器编程实现超声波无线自动测距。

【任务描述】

超声波传感器是将超声波信号转换成电信号的一种传感器。事实上，超声波传感器是一种输入模块，它能够提供较好的非接触范围检测，如图 5-12 所示。本次任务使用的超声波传感器为 HC-SR04。此模块性能稳定、测量距离精确、模块精度高、盲区小，可以应用于物体测距、机器人避障、液位检测、公共安防、停车场检测等。

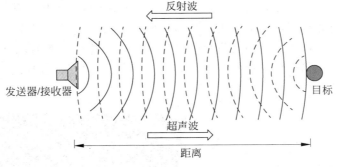

图 5-12　超声波测距原理图

本任务通过 Arduino Uno 开发板和超声波传感器 HC-SR04 模块设计与制作一个无线自动测距装置，并编程实现超声波测距功能。

【任务分析】

超声波传感器 HC-SR04 模块的使用非常简单，只需要将 TRIG、ECHO 引脚分别连接到 Arduino Uno 开发板的数字引脚 D2 和 D3 引脚即可。此外将 V_{CC} 和 GND 引脚接到

Arduino Uno 开发板的 5V 和 GND。HC-SR04 模块的引脚说明如图 5-13 所示。

引脚说明：
V_{CC}——供5V电源
Trig——触发控制信号输入
Echo——回响信号输出等四个接口端
GND——地线

图 5-13　HC-SR04 模块的引脚说明

2. 任务资料

2.1　认识超声波传感器

超声波传感器是将超声波信号转换成其他能量信号（通常是电信号）的传感器，如图 5-14 所示。它具有频率高、波长短、绕射现象小，特别是方向性好、能够成为射线而定向传播等特点。超声波对液体、固体的穿透力很强，尤其是在不透明的固体中。超声波碰到杂质或分界面会产生显著反射形成反射回波，碰到活动物体能产生多普勒效应。超声波传感器广泛应用在工业、国防、生物医学等方面。

2.2　认识超声波传感器 HC-SR04 模块

超声波传感器 HC-SR04 模块是一款集成有超声波传感器，并具有发送和接收超声波功能的电路板模块，如图 5-15 所示。它常用于机器人避障、物体测距、液位检测、公共安防、停车场检测等场所。超声波传感器 HC-SR04 模块主要由两个通用的压电陶瓷超声传感器和外围信号处理电路构成。两个压电陶瓷超声传感器，一个用于发出超声波信号，一个用于接收反射回来的超声波信号。由于发出信号和接收信号都比较微弱，所以需要通过外围信号处理电路提高发出信号的功率并将反射回来的信号进行放大，以便更稳定地将信号传输给微处理器或计算机。

图 5-14　超声波传感器

图 5-15　超声波传感器 HC-SR04 模块

超声波传感器 HC-SR04 模块有 4 个引脚,分别为 V_{CC}、Trig(控制端)、Echo(接收端)、GND。其中,V_{CC}、GND 分别接 5V 电源和接地,Trig 控制发出的超声波信号,Echo 接收反射回来的超声波信号。

3. 工作实施

3.1 材料准备

本次任务所需电子元器件及材料清单如表 5-3 所示。

表 5-3 任务 5-3 所需电子元器件及材料清单

序号	元器件名称	规 格	数量
1	开发板	Arduino Uno	1个
2	数据线	USB	1条
3	面包板	MB-102	1个
4	超声波传感器	HC-SR04	1个
5	跳线	引脚	若干

3.2 安全事项

(1) 作业前请检查是否穿戴好防护装备(护目镜、防静电手套等)。
(2) 检查电源及设备材料是否齐备、安全可靠。
(3) 检查开发板、超声波传感器有无损坏或异常。
(4) 作业时要注意摆放好设备材料,避免伤人或造成设备材料损伤。

3.3 任务实施

第 1 步:使用 Fritzing 软件设计并绘制电路设计图,如图 5-16 所示。根据电路设计图,完成 Arduino Uno 开发板与其他电子元器件的硬件连接。

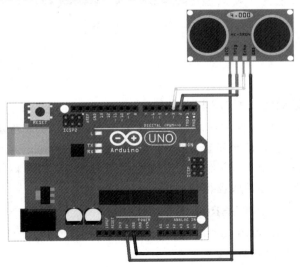

图 5-16 超声波传感器电路设计

第 2 步：创建 Arduino 程序"demo_5_3"。程序代码如下。

```
#define Trig 2                                      //引脚 Trig 连接 IO D10
#define Echo 3                                      //引脚 Echo 连接 IO D9
float cm;                                           //距离变量
float temp;                                         // 回波等待时间
void setup() {
  Serial.begin(9600);  pinMode(Trig, OUTPUT);  pinMode(Echo, INPUT);
}
void loop() {
  //给 Trig 发送一个低高低的短时间脉冲,触发测距
  digitalWrite(Trig, LOW);                          //给 Trig 发送一个低电平
  delayMicroseconds(2);                             //等待 2μs
  digitalWrite(Trig,HIGH);                          //给 Trig 发送一个高电平
  delayMicroseconds(10);                            //等待 10μs
  digitalWrite(Trig, LOW);                          //给 Trig 发送一个低电平
  temp = float(pulseIn(Echo, HIGH));                //存储回波等待时间,
  cm = (temp * 17 )/1000;                           //把回波时间换算成 cm
  Serial.print("Echo = ");  Serial.print(temp);     //串口输出等待时间的原始数据
  Serial.print(" || Distance = ");  Serial.print(cm); //串口输出距离换算成 cm 的结果
  Serial.println("cm");  delay(100);
}
```

第 3 步：编译并上传程序至开发板,查看运行效果,如图 5-17 所示。

图 5-17　任务 5-3 运行效果

4. 技术知识

4.1　超声波传感器 HC-SR04

超声波传感器 HC-SR04 使用声呐确定物体的距离,如图 5-18 所示。它可以非常好地完成非接触检测,准确度高,读数稳定,易于使用,尺寸从 2～400cm 或 1～13in 不等。其操作不受阳光或黑色材料的影响,尽管在声学方面,柔软的材料(如布料等)可能难以检测到。它配有超声波发射器模块和接收器模块。

4.2　超声波传感器 HC-SR04 的引脚功能

超声波传感器 HC-SR04 有四个引脚,其功能如下。
- V_{CC}：接 V_{CC} 电源(直流 5V)。
- Trig：接外部电路的 Trig 端,向此引脚输入一个 10μs 以上的高电平,可触发模块测距。连接到 Arduino Uno 的数字端口,如 D2。

图 5-18　超声波传感器 HC-SR04

- Echo：接外部电路的 Echo 端，当测距结束时，此引脚会输出一个高电平，电平宽度为超声波往返时间之和。连接到 Arduino Uno 板的数字端口，如 D3。
- GND：接外部电路的地。

4.3　超声波传感器 HC-SR04 的技术规格

- 电源：+5V DC。
- 静态电流：<2mA。
- 工作电流：15mA。
- 有效角度：<15°。
- 测距距离：2～400cm(1～13in)。
- 分辨率：0.3cm。
- 测量角度：30°。

5. 拓展任务

使用 Arduino Uno 开发板实现超声波检测距离装置的设计与制作，如图 5-19 所示。

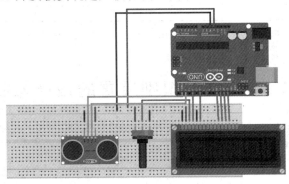

图 5-19　任务 5-3 拓展训练

6. 工作评价

6.1 考核评价

项目	考核内容		考核评分		
	内 容		配分	得分	批注
工作准备（30%）	能够正确理解工作任务 5-3 的内容、范围及工作指令		10		
	能够查阅和理解技术手册，确认超声波传感器技术标准及要求		5		
	使用个人防护用品或衣着适当，能正确使用防护用品		5		
	准备工作场地及器材，能够识别工作场地的安全隐患		5		
	确认设备及工具、量具，检查其是否安全及能否正常工作		5		
实施程序（50%）	正确辨识工作任务所需的 Arduino Uno 开发板、超声波传感器		10		
	正确检查 Arduino Uno 开发板、超声波传感器有无损坏或异常		10		
	正确选择 USB 数据线和跳线		10		
	正确选用工具进行规范操作，完成装置安装、调试和维护		10		
	安全无事故并在规定时间内完成任务		10		
完工清理（20%）	收集和储存可以再利用的原材料、余料		5		
	按照维护工作程序，清洁垃圾、清洁和整理工作区域		5		
	对开发板、超声波传感器、工具及设备进行清洁		5		
	按照工作程序，填写完成作业单		5		
考核评语	考核人员： 日期： 年 月 日		考核成绩		

6.2 导师评价

评价项目	评价内容	评价成绩	备注
工作准备	任务领会、资讯查询、器材准备	□A □B □C □D □E	
知识储备	系统认知、原理分析、技术参数	□A □B □C □D □E	
计划决策	任务分析、任务流程、实施方案	□A □B □C □D □E	
任务实施	专业能力、沟通能力、实施结果	□A □B □C □D □E	
职业道德	纪律素养、安全卫生、器材维护	□A □B □C □D □E	
其他评价			
教师签字：		日期： 年 月 日	

注：在选项"□"里打"√"，其中 A：90~100 分；B：80~89 分；C：70~79 分；D：60~69 分；E：不合格。

任务 5-4　红外识别装置的设计与制作

1. 工作任务

【任务目标】

使用 Arduino Uno 开发板和红外避障模块编程实现避障识别装置的设计与制作。

项目5 无线传感器装置的设计与制作 177

【任务描述】

红外避障传感器具有一对红外线发射管与接收管，发射管发射出一定频率的红外线，当检测方向遇到障碍物（反射面）时，红外线反射回来被接收管接收。它常用于智能机器人判断前方是否有障碍物。可通过电位器设置阈值。正前方有障碍时绿灯亮，OUT 引脚为低电平；反之，为高电平。本任务使用 Arduino Uno 开发板和红外避障传感器编程实现对障碍物的自动识别和避障功能（图 5-20）。

【任务分析】

红外避障传感器（图 5-21）一般有 5 个引脚。其中，GND 接电源负极；OUT 是信号输出引脚，接 Arduino Uno 开发板的数字端口，输出 1 表示前方没有障碍，输出 0 表示有障碍；V_{CC} 接电源正极；EN 是使能引脚，是一个输入引脚，输入高电平时传感器不工作，输入低电平时传感器工作，传感器中包含一个跳线，插上跳线后，EN 引脚默认为低电平；NC 为空引脚。

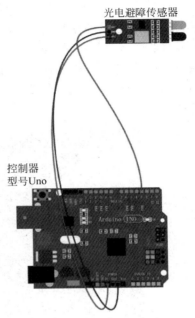

图 5-20 红外避障装置

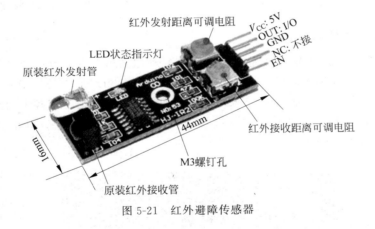

图 5-21 红外避障传感器

2. 任务资料

2.1 认识红外线识别元件

红外线传感器是一种能够感应目标辐射的红外线，并利用红外线的物理性质进行识别或测量的传感器。红外线传感技术已经在现代科技、国防和工农业等领域获得了广泛的应用。

红外线传感器一般包含红外线发射管与红外线接收管。红外线发射管（IR LED）也称红外线发射二极管，属于二极管类（图 5-22）。它是可以将电能直接转换成近红外光（不可见光）并能辐射出去的发光元件，主要应用于各种光电开关、触摸屏及遥控发射电路中。红外线发射管的结构、原理与普通发光二极管相近，只是使用的半导体材料不同。红外线发光二极管通常使用砷化镓（GaAs）、砷铝化镓（GaAlAs）等材料，采用全透明树脂封装。

红外线接收管是专门用来接收和感应红外线发射管发出的红外线光线的,如图 5-23 所示,常采用黑色的树脂封装,一般情况下都是与红外线发射管成套运用在产品设备当中。红外线接收管有两种,一种是光电二极管,另一种是光电三极管。光电二极管就是将光信号转换为电信号,光电三极管在将光信号转换为电信号的同时,也把电流放大了。红外线接收管的作用是进行光电转换,在光控、红外线遥控、光探测、光纤通信、光电耦合等方面有广泛的应用。

图 5-22　红外线发射管

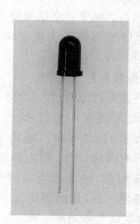

图 5-23　红外线接收管

2.2　认识红外避障模块

红外避障模块利用光反射原理,模块前端有一个红外线发射管和一个红外线接收管,如图 5-24 所示。红外避障模块有 3 个引脚,分别是 V_{CC}、GND 和 OUT。其中,OUT 引脚接数字端口。红外避障模块通电后,红外线发射管向前方不断发射一定频率的红外线,红外线遇到前方障碍物时,射线返回被接收管接收,此时 OUT 输出低电平。如前方无障碍物,射线未被反射,则 OUT 输出高电平。

图 5-24　红外避障模块

3. 工作实施

3.1　材料准备

本次任务所需电子元器件及材料清单如表 5-4 所示。

项目5　无线传感器装置的设计与制作

表 5-4　任务 5-4 所需电子元器件及材料清单

序号	元器件名称	规　　格	数量
1	开发板	Arduino Uno	1个
2	数据线	USB	1条
3	红外避障模块		1个
4	杜邦线	公对母	若干

3.2　安全事项

（1）作业前请检查是否穿戴好防护装备（护目镜、防静电手套等）。
（2）检查电源及设备材料是否齐备、安全可靠。
（3）检查开发板、红外避障模块有无损坏或异常。
（4）作业时要注意摆放好设备材料，避免伤人或造成设备材料损伤。

3.3　任务实施

第 1 步：完成 Arduino Uno 开发板及其他电子元器件的硬件连接，如图 5-25 所示。

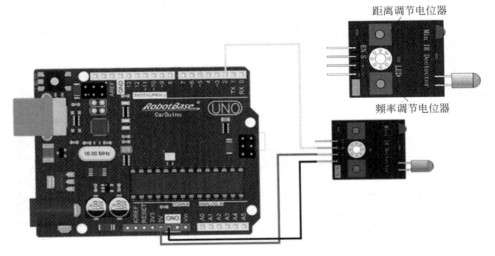

图 5-25　任务 5-4 电路设计

第 2 步：创建 Arduino 程序"demo_5_4"。程序代码如下。

```
int sensorPin = 2;
int data;
void setup() {
  pinMode(sensorPin, INPUT);
  Serial.begin(9600);
}
void loop() {
  data = digitalRead(sensorPin);
  Serial.print("data = ");
  Serial.println(data);
}
```

第3步：编译并上传程序至开发板，运行效果如图5-26所示。

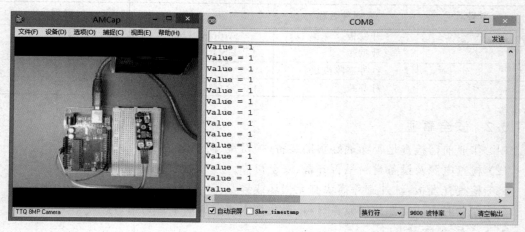

图5-26　任务5-4运行效果(1)

第4步：创建Arduino程序"demo_5_4_1"。程序代码如下。

```
int ledPin = 13;
int pirPin = 7;
int pirValue;
int sec = 0;
void setup(){
    pinMode(ledPin, OUTPUT);
    pinMode(pirPin, INPUT);
    digitalWrite(ledPin, LOW);
    Serial.begin(9600);
}
void loop(){
    pirValue = digitalRead(pirPin);
    digitalWrite(ledPin, pirValue);
    // 以下可以观察传感器输出状态
     sec += 1;
     Serial.print("Second: ");
     Serial.print(sec);
     Serial.print("PIR value: ");
     Serial.print(pirValue);
     Serial.print('\n'); delay(1000);
}
```

第5步：编译并上传程序至开发板，运行效果如图5-27所示。
第6步：创建Arduino程序"demo_5_4_2"。程序代码如下。

```
int ledPin = 8;
int sensorPin = 2;
int oldState = LOW;
void setup() {
  pinMode(ledPin, OUTPUT);
```

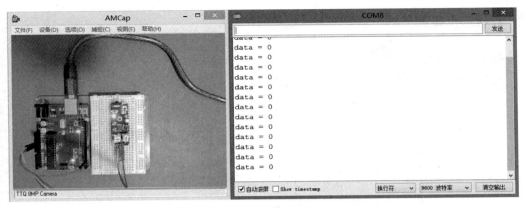

图 5-27 任务 5-4 运行效果(2)

```
  pinMode(sensorPin, INPUT);
  Serial.begin(9600);
}
void loop() {
  int newState = digitalRead(sensorPin);
  Serial.print("newState = ");
  Serial.println(newState);
  if(newState!= oldState){
     if(newState == HIGH){
        digitalWrite(ledPin, LOW);
     }else{
        digitalWrite(ledPin, HIGH);
     }
  }
  oldState = newState;
  delay(200);
}
```

第 7 步:编译并上传程序至开发板,运行效果如图 5-28 所示。

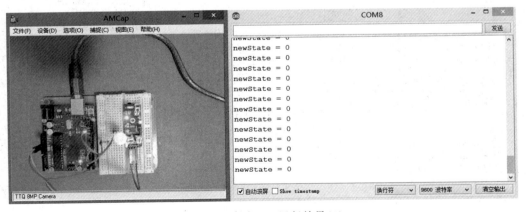

图 5-28 任务 5-4 运行效果(3)

4. 技术知识

4.1 红外避障传感器

红外避障传感器模块电路原理如图 5-29 所示。

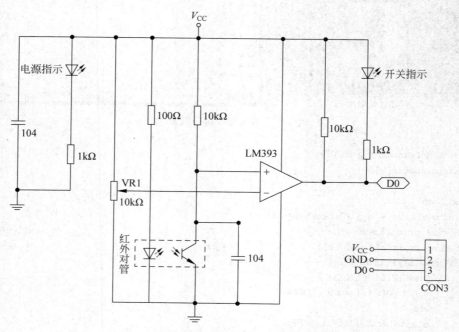

图 5-29 红外避障传感器模块电路原理

4.2 红外避障传感器模块结构及参数说明

红外避障传感器模块结构如图 5-30 所示。

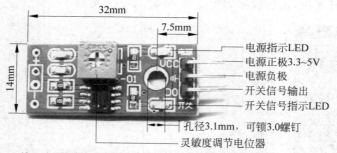

- V_{CC} 外接 3.3~5V 电压（可接 5V 或 3.3V 引脚）
- GND 外接 GND
- OUT 数字量输出接口（0 和 1）

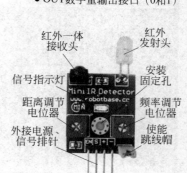

注：电源极性不能接反，否则有可能将芯片烧坏，开关信号指示灯亮时输出低电平，不亮时输出高电平，信号输出的电平接近于电源电压。

图 5-30 红外避障传感器模块的结构

红外避障传感器模块参数说明如下。

（1）当模块检测到前方障碍物信号时，电路板上绿色指示灯点亮，同时 OUT 端口持续输出低电平信号，该模块检测距离 2~30cm，检测角度 35°，检测距离可以通过电位器进行调节，顺时针调电位器，检测距离增大；逆时针调电位器，检测距离减小。

（2）主动式红外线传感器利用发射的红外线探测物体的位置，因此目标的反射率和形状是探测距离的关键。其中黑色探测距离最短，白色最长；小面积物体距离短，大面积物体距离长。

（3）传感器模块输出端口 OUT 可直接与单片机 I/O 口连接，也可以直接驱动一个 5V 继电器；连接方式为 V_{CC}—V_{CC}；GND—GND；OUT—I/O。

- 比较器采用 LM393，工作稳定。
- 可采用 3~5V 直流电源对模块进行供电。当电源接通时，红色电源指示灯点亮。
- 具有 3mm 的螺钉孔，便于固定、安装。
- 电路板尺寸：3.2cm×1.4cm。
- 每个模块已经将阈值比较电压通过电位器调节好，非特殊情况，请勿随意调节电位器。

5. 拓展任务

完成如图 5-31 所示红外避障装置的设计与制作。

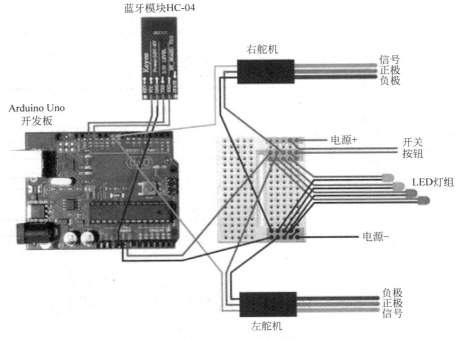

图 5-31　任务 5-4 拓展训练

6. 工作评价

6.1 考核评价

项目	考核内容		考核评分		
	内　容		配分	得分	批注
工作准备（30%）	能够正确理解工作任务 5-4 的内容、范围及工作指令		10		
	能够查阅和理解技术手册,确认红外避障传感器技术标准及要求		5		
	使用个人防护用品或衣着适当,能正确使用防护用品		5		
	准备工作场地及器材,能够识别工作场地的安全隐患		5		
	确认设备及工具、量具,检查其是否安全及能否正常工作		5		
实施程序（50%）	正确辨识工作任务所需的 Arduino Uno 开发板、红外避障传感器		10		
	正确检查 Arduino Uno 开发板、红外避障传感器有无损坏或异常		10		
	正确选择 USB 数据线和杜邦线		10		
	正确选用工具进行规范操作,完成装置安装、调试和维护		10		
	安全无事故并在规定时间内完成任务		10		
完工清理（20%）	收集和储存可以再利用的原材料、余料		5		
	按照维护工作程序,清洁垃圾、清洁和整理工作区域		5		
	对开发板、红外避障传感器、工具及设备进行清洁		5		
	按照工作程序,填写完成作业单		5		
考核评语	考核人员： 日期： 年 月 日		考核成绩		

6.2 导师评价

评价项目	评价内容	评价成绩	备注
工作准备	任务领会、资讯查询、器材准备	□A □B □C □D □E	
知识储备	系统认知、原理分析、技术参数	□A □B □C □D □E	
计划决策	任务分析、任务流程、实施方案	□A □B □C □D □E	
任务实施	专业能力、沟通能力、实施结果	□A □B □C □D □E	
职业道德	纪律素养、安全卫生、器材维护	□A □B □C □D □E	
其他评价			
教师签字：		日期：　　　年　月　日	

注：在选项"□"里打"√",其中 A：90~100 分；B：80~89 分；C：70~79 分；D：60~69 分；E：不合格。

任务 5-5　RFID 识别装置的设计与制作

1. 工作任务

【任务目标】

使用 Arduino Uno 开发板编程实现对 RFID 识别模块的读/写。

【任务描述】

射频识别(radio frequency identification,RFID)技术又称无线射频识别,是一种通信技术,可通过无线电信号识别特定目标并读/写相关数据,且无须识别系统与特定目标之间建立机械或光学接触。

本任务使用 Arduino Uno 开发板和 RFID-RC522 模块编程实现 RFID 的读/写和门禁系统的设计。

【任务分析】

RFID-RC522 模块和 Arduino Uno 开发板的硬件连线如图 5-32 和表 5-5 所示。

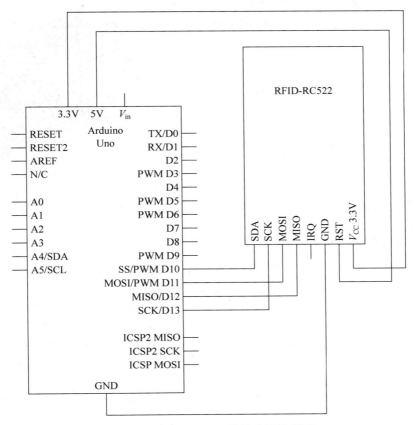

图 5-32　RFID-RC522 模块连线原理图

表 5-5　RFID-RC522 模块和 Arduino Uno 开发板的引脚连线

Arduino Uno 开发板	RFID-RC522 模块	Arduino Uno 开发板	RFID-RC522 模块
10	SDA	不连接	IRQ
13	SCK	GND	GND
11	MOSI	9	RST
12	MISO	3.3V	3.3V

2. 任务资料

2.1 认识 RFID 射频识别技术

RFID 属于自动识别技术的一种,通过无线射频方式进行非接触双向数据通信,利用无线射频方式对记录媒体(电子标签或射频卡)进行读/写,从而达到识别目标和数据交换的目的。目前 RFID 的应用非常广泛,如图书馆、门禁系统、食品安全溯源等。

一套完整的 RFID 系统由阅读器(reader)、电子标签(tag)也就是应答器(transponder)及应用软件三个部分组成,其工作原理是阅读器发射一特定频率的无线电波能量给应答器,用以驱动应答器电路将内部的数据送出,然后阅读器依序接收解读数据并送给应用程序做相应的处理。

2.2 认识 RFID-RC522 模块

RFID-RC522 模块是一款 RFID 阅读器模块,如图 5-33 所示。RFID-RC522 模块与 Arduino 通信方式为 SPI(同步串行外设接口总线)通信,Arduino 工作在主模式下,RC522 工作在从模式下。

图 5-33 RFID-RC522 模块

3. 工作实施

3.1 材料准备

本次任务所需电子元器件及材料清单如表 5-6 所示。

表 5-6 任务 5-5 所需电子元器件及材料清单

序号	元器件名称	规 格	数量
1	开发板	Arduino Uno	1个
2	数据线	USB	1条
3	面包板	MB-102	1个
4	RFID 模块	RFID-RC522	1个
5	RFID 标签	卡片或钥匙扣	1个
6	跳线	引脚	若干

3.2 安全事项

(1) 作业前请检查是否穿戴好防护装备(护目镜、防静电手套等)。
(2) 检查电源及设备材料是否齐备、安全可靠。
(3) 检查开发板、RFID 模块有无损坏或异常。
(4) 作业时要注意摆放好设备材料,避免伤人或造成设备材料损伤。

3.3 任务实施

第1步:完成 Arduino Uno 开发板及其他电子元器件的硬件连接,如图 5-34 所示。
第2步:创建 Arduino 程序"demo_5_5"。程序代码如下。

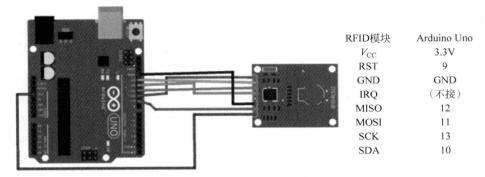

图 5-34　任务 5-5 电路设计

```
#include <SPI.h>
#include <MFRC522.h>
#define RST_PIN  9
#define SDA_PIN  10
MFRC522 mfrc522(SDA_PIN, RST_PIN);
void setup() {
    Serial.begin(9600);
    while (!Serial);
    SPI.begin();
    mfrc522.PCD_Init();
    mfrc522.PCD_DumpVersionToSerial();
    Serial.println(F("Scan PICC to see UID, SAK, type, and data blocks..."));
}
void loop() {
    if ( ! mfrc522.PICC_IsNewCardPresent()) {return;}
    if ( ! mfrc522.PICC_ReadCardSerial()) {return;}
    mfrc522.PICC_DumpToSerial(&(mfrc522.uid));
}
```

第 3 步：编译并上传程序至开发板，运行效果如图 5-35 所示。

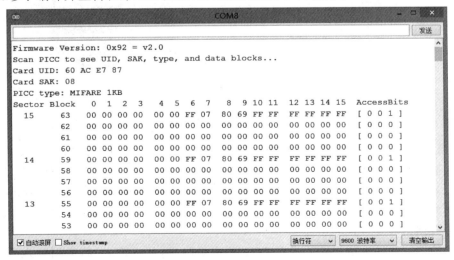

图 5-35　任务 5-5 运行效果

4. 技术知识

RFID常用的有低频(125~134.2kHz)、高频(13.56MHz)、超高频、微波等技术。RFID读/写器也分移动式和固定式两种。

4.1 RFID工作原理

微控制单元(micro controller unit,MCU)通过对读卡器芯片内寄存器的读/写控制读卡器芯片,读卡器芯片收到MCU发来的命令后,按照非接触式射频卡协议格式,通过天线及其匹配电路向附近发出一组固定频率的调制信号(13.56MHz)进行寻卡,若此范围内有卡片存在,卡片内部的LC谐振电路(谐振频率与读卡器发送的电磁波频率相同)在电磁波的激励下产生共振,在卡片内部电压泵的作用下不断为其另一端的电容充电使其获得能量,当该电容电压达到2V时,即可作为电源为卡片的其他电路提供工作电压。当有卡片处在读卡器的有效工作范围内时,MCU向卡片发出寻卡命令,卡片将回复卡片类型,建立卡片与读卡器的第一步联系,若同时有多张卡片在天线的工作范围内,读卡器通过启动防冲撞机制,根据卡片序列号选定一张卡片,被选中的卡片再与读卡器进行密码校验,确保读卡器对卡片有操作权限以及卡片的合法性,而未被选中的卡片则仍然处在闲置状态,等待下一次寻卡命令。密码验证通过之后,就可以对卡片进行读/写等应用操作。RFID工作原理如图5-36所示。

图 5-36　RFID工作原理

4.2 RC522模块

RC522提供了3种接口模式:高达10Mb/s的SPI、I^2C总线模式(快速模式下可达到400kb/s,高速模式下可达到3.4Mb/s)、最高达1228.8kb/s的UART模式。RC522模块采用第一种模式——四线制SPI(串行外设接口),通信中的时钟信号由Arduino产生,RC522芯片设置为从机模式,接收来自Arduino的数据以设置寄存器,并负责射频接口通信中相关数据的收发(图5-37)。

数据的传输路径为Arduino通过MOSI(主机输出,从机输入)将数据发送到RC522,RC522通过MISO(主机输入,从机输出)发回至Arduino。

项目5 无线传感器装置的设计与制作　189

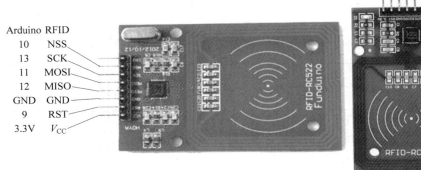

图 5-37　RFID 读/写器 RC522

4.3　RC522 模块各引脚功能

- SDA：串行数据线（I^2C 接口时的 I/O 线）；在 SPI 接口中为 NSS（从机标志引脚）。
- SCK：连接 MCU 的 SCK 信号。
- MOSI：MCU 输出，RC522 接收（即主设备输出，从设备输入）。
- MISO：RC522 输出，MCU 接收（即从设备输出，主设备输入）。
- IRQ：中断请求输出。
- GND：接地。
- RST：复位。
- 3.3V：V_{CC}，工作电压，若使用的是 5V 的 MCU，注意分压。

5. 拓展任务

使用 Arduino Uno 开发板和 RFID 模块实现一卡通代替钥匙开启门锁。通过 RC522 模块读取一卡通的序列号，在 Arduino 程序中进行判断（继电器的控制端输出状态），继电器的被控端接电门锁（图 5-38）。

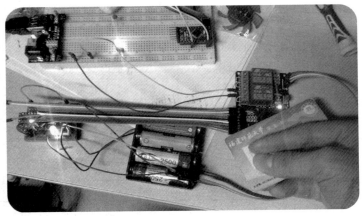

图 5-38　任务 5-5 拓展训练

6. 工作评价

6.1 考核评价

项目	考核内容		考核评分		
	内容		配分	得分	批注
工作准备（30%）	能够正确理解工作任务 5-5 的内容、范围及工作指令		10		
	能够查阅和理解技术手册，确认 RFID 识别技术标准及要求		5		
	使用个人防护用品或衣着适当，能正确使用防护用品		5		
	准备工作场地及器材，能够识别工作场地的安全隐患		5		
	确认设备及工具、量具，检查其是否安全及能否正常工作		5		
实施程序（50%）	正确辨识工作任务所需的 Arduino Uno 开发板、RFID 模块		10		
	正确检查 Arduino Uno 开发板、RFID 模块有无损坏或异常		10		
	正确选择 USB 数据线和跳线		10		
	正确选用工具进行规范操作，完成装置安装、调试和维护		10		
	安全无事故并在规定时间内完成任务		10		
完工清理（20%）	收集和储存可以再利用的原材料、余料		5		
	按照维护工作程序，清洁垃圾、清洁和整理工作区域		5		
	对开发板、RFID 识别模块、工具及设备进行清洁		5		
	按照工作程序，填写完成作业单		5		
考核评语			考核成绩		
	考核人员： 日期： 年 月 日				

6.2 导师评价

评价项目	评价内容	评价成绩	备注
工作准备	任务领会、资讯查询、器材准备	□A □B □C □D □E	
知识储备	系统认知、原理分析、技术参数	□A □B □C □D □E	
计划决策	任务分析、任务流程、实施方案	□A □B □C □D □E	
任务实施	专业能力、沟通能力、实施结果	□A □B □C □D □E	
职业道德	纪律素养、安全卫生、器材维护	□A □B □C □D □E	
其他评价			

教师签字： 日期： 年 月 日

注：在选项"□"里打"√"，其中 A：90～100 分；B：80～89 分；C：70～79 分；D：60～69 分；E：不合格。

任务 5-6　NFC 识别装置的设计与制作

1. 工作任务

【任务目标】

使用 Arduino Uno 开发板和 NFC 模块编程实现对 NFC 标签的自动识别。

【任务描述】

近场通信(near field communication,NFC)是一种新兴的技术。使用了 NFC 技术的设备(例如移动电话)可以在彼此靠近的情况下进行数据交换。NFC 技术是由非接触式射频识别(RFID)及互联互通技术整合演变而来的,通过在单一芯片上集成感应式读卡器、感应式卡片和点对点通信的功能,利用移动终端实现移动支付、电子票务、门禁、移动身份识别、防伪等应用。在轨道交通运营中,NFC 技术被广泛应用于售票支付领域。轨道交通进出站方式除单程票、储值票外,还支持以 NFC 支付方式乘车,大大节约了进站时的排队、购票等时间。本任务将介绍 NFC 识别装置的设计与制作,使用 Arduino Uno 开发板和 NFC 模块实现对 NFC 标签的识别。

【任务分析】

Arduino Uno 开发板和 NFC 模块的连接比较简单,只需要将 NFC 模块的 TX 口连接到 Arduino Uno 开发板的 RX 口,RX 口连接开发板的 TX 口,如图 5-39 所示。

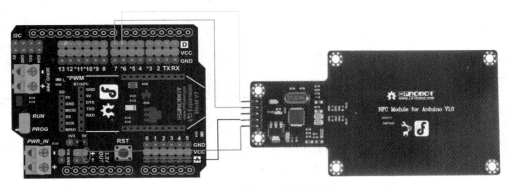

图 5-39　任务 5-6 任务目标

2. 任务资料

2.1　认识 NFC 近场通信技术

NFC 是在非接触式射频识别(RFID)技术的基础上,结合无线互联技术研发而成,它为我们日常生活中越来越普及的各种电子产品提供了一种十分安全快捷的通信方式。

NFC 技术的应用在世界范围内受到了广泛关注,国内外的电信运营商、手机厂商等纷纷开展应用试点,一些国际性协会组织也积极进行标准化制定工作。

由 NFC 技术产生的近场通信业务(结合了近场通信技术和移动通信技术)实现了电子支付、身份认证、票务、数据交换、防伪、广告等多种功能,是移动通信领域的一种新型业务。

近场通信业务增强了移动电话的功能,使用户的消费行为逐步走向电子化,从而建立了一种新型的用户消费和业务模式。

2.2 认识 DFR0231 NFC 模块

DFR0231 NFC 模块(图 5-40)是一款 DFRobot 的 NFC 近场通信模块。DFRobot 采用的是 NXP 的 PN532 模块,支持以下 5 种不同的工作模式:①读/写器模式,支持 ISO/IEC 14443A/MIFARE 机制;②读/写器模式,支持 FeliCa 机制;③读/写器模式,支持 ISO/IEC 14443B 机制;④卡操作模式,支持 ISO 14443A/MIFARE 机制;⑤卡操作模式,支持 FeliCa 机制;ISO/IEC18092,ECM340 点对点。

图 5-40 DFR0231 NFC 模块

3. 工作实施

3.1 材料准备

本次任务所需电子元器件及材料清单如表 5-7 所示。

表 5-7 任务 5-6 所需电子元器件及材料清单

序号	元器件名称	规　　格	数量
1	开发板	Arduino Uno	1 个
2	数据线	USB	1 条
3	NFC 读/写模块	DFR0231	1 个
4	NFC 标签		
5	杜邦线	公对母	若干

3.2 安全事项

(1) 作业前请检查是否穿戴好防护装备(护目镜、防静电手套等)。

(2) 检查电源及设备材料是否齐备、安全可靠。

(3) 检查开发板、NFC 读/写模块有无损坏或异常。

(4) 作业时要注意摆放好设备材料,避免伤人或造成设备材料损伤。

3.3 任务实施

第 1 步:完成 Arduino Uno 开发板及其他电子元器件的硬件连接,如图 5-41 所示。

第 2 步:创建 Arduino 程序"demo_5_6"。程序代码如下。

```
# include <Wire.h>
# include <LiquidCrystal_I2C.h>
LiquidCrystal_I2C lcd(0x3F,16,2);
const unsigned char wake[24] = {
  0x55, 0x55, 0x00, 0x00, 0x00, 0x00, 0x00, 0x00, 0x00, 0x00, \
  0x00, 0x00, 0x00, 0x00, 0x00, 0x00, 0xff, 0x03, 0xfd, 0xd4, 0x14, 0x01, 0x17, 0x00};
const unsigned char firmware[9] = {
```

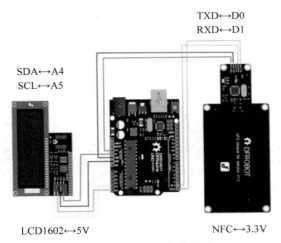

图 5-41 任务 5-6 电路设计

```
  0x00, 0x00, 0xFF, 0x02, 0xFE, 0xD4, 0x02, 0x2A, 0x00};
const unsigned char tag[11] = {
  0x00, 0x00, 0xFF, 0x04, 0xFC, 0xD4, 0x4A, 0x01, 0x00, 0xE1, 0x00};
const unsigned char std_ACK[25] = {
  0x00, 0x00, 0xFF, 0x00, 0xFF, 0x00, 0x00, 0x00, 0xFF, 0x0C, \
  0xF4, 0xD5, 0x4B, 0x01, 0x01, 0x00, 0x04, 0x08, 0x04, 0x00, 0x00, 0x00, 0x00, 0x4b, 0x00};
unsigned char old_id[5];
unsigned char receive_ACK[25];
# if defined(ARDUINO) && ARDUINO >= 100
# include "Arduino.h"
# define printByte(args) Serial.write(args)
# define printlnByte(args) Serial.write(args),Serial.println()
# else
# include "WProgram.h"
# define printByte(args) Serial.print(args,BYTE)
# define printlnByte(args) Serial.println(args,BYTE)
# endif
void setup(){
  Serial.begin(115200);
  wake_card();
  delay(100);
  read_ACK(15);
  delay(100);
  display(15);
  lcd.init();
  lcd.backlight();
  lcd.setCursor(0, 0);
  lcd.print("Arduino NFC Demo");
  delay(5000);
  lcd.setCursor(0, 0);
  lcd.print("                ");
}
void loop(){
```

```
        send_tag(); read_ACK(25); delay(100);
        while(cmp_id ()){
          delay(600);
          lcd.scrollDisplayLeft();
          send_tag(); read_ACK(25);
          cmp_id ();}
        if (!cmp_id ()) {
          if (test_ACK ()) {
            lcd.clear();
            lcd.setCursor(0, 0);
            display (25);
            delay (100);
            cmp_id ();}}
      copy_id ();
  }
  void copy_id (void) { int ai, oi;
    for (oi = 0, ai = 19; oi < 5; oi++,ai++) {
      old_id[oi] = receive_ACK[ai];}}
  char cmp_id (void) { int ai, oi;
    for (oi = 0, ai = 19; oi < 5; oi++,ai++) {
      if (old_id[oi] != receive_ACK[ai])
        return 0; }
    return 1;}
  int test_ACK (void) {int i;
    for (i = 0; i < 19; i++) {
      if (receive_ACK[i] != std_ACK[i])
        return 0;   }
    return 1;}
  void UART_Send_Byte(unsigned char command_data){
    printByte(command_data);
    # if defined(ARDUINO) && ARDUINO > = 100
    Serial.flush();
    # endif
  }
  void read_ACK(unsigned char temp){
    unsigned char i;
    for(i = 0;i < temp;i++) {
      receive_ACK[i] = Serial.read(); }}
  void wake_card(void){
    unsigned char i;
    for(i = 0;i < 24;i++)
      UART_Send_Byte(wake[i]);}
  void firmware_version(void){
    unsigned char i;
    for(i = 0;i < 9;i++) UART_Send_Byte(firmware[i]);}
  void send_tag(void){
    unsigned char i;
    for(i = 0;i < 11;i++) UART_Send_Byte(tag[i]);}
  void display(unsigned char tem){
    for (int i = 0;i < tem;i++){
      if(i < = 18){lcd.setCursor(i * 2,0);lcd.print(receive_ACK[i],HEX);
```

            }else{lcd.setCursor((i-19)*2,1);lcd.print(receive_ACK[i],HEX);}
        }}

第3步：编译并上传程序至开发板，运行效果如图5-42所示。

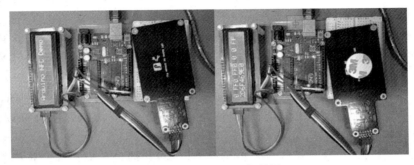

图 5-42　任务 5-6 运行效果

4. 技术知识

4.1　NFC

NFC 是一种短距离的高频无线通信技术，允许电子设备之间进行非接触式点对点数据传输，在 10cm(3.9in)内交换数据。现在很多手机支持 NFC 卡标签的读/写。通过读/写 NFC 标签，能够实现快速启动程序、信息交互等功能。

NFC 是电子设备用于彼此之间通信和传输数据的协议。近场通信设备必须彼此非常近，通常在 10cm 以内，但是该范围可以根据正在发送的设备和标签的大小而变化。NFC 标签无须任何电源输入。它们在两个小环形天线之间使用磁感应。现今的标签带有 96～4096B 的信息。

4.2　技术标准

NFC 是由诺基亚（Nokia）公司、飞利浦（Philips）公司和索尼（Sony）公司共同制定的标准，在 ISO 18092、ECMA 340 和 ETSI TS 102 190 框架下推动标准化，同时兼容应用广泛的 ISO 14443、Type-A、ISO 15693、B 以及 Felica 标准非接触式智能卡的基础架构。

2003 年 12 月 8 日，NFC 通过 ISO/IEC（International Organization for Standardization/International Electrotechnical Commission）机构的审核而成为国际标准，2004 年 3 月 18 日，由 ECMA（European Computer Manufacturer Association）认定为欧洲标准。已通过的标准有 ISO/IEC 18092（NFCIP-1）、ECMA-340、ECMA-352、ECMA-356、ECMA-362、ISO/IEC 21481（NFCIP-2）。

近场通信标准详细规定了近场通信设备的调制方案、编码、传输速度与射频接口的帧格式，以及主动与被动近场通信模式初始化过程中数据冲突控制所需的初始化方案和条件，此外还定义了传输协议，包括协议启动和数据交换方法等。

4.3　工作原理

NFC 是一种短距高频的无线电技术。NFCIP-1 标准规定 NFC 的通信距离为 10cm 以内，运行频率为 13.56MHz，传输速度有 106kb/s、212kb/s 和 424kb/s 三种。NFC 工作模式分为被动模式和主动模式。

4.4 应用形式

NFC 标准为了和非接触式智能卡兼容,规定了一种灵活的网关系统,具体分为点对点模式、读/写模式和模拟卡片模式三种工作模式。

(1) 点对点模式:在这种模式下,两个 NFC 设备可以交换数据。例如,多个具有 NFC 功能的数字相机、手机之间可以利用 NFC 技术进行无线互联,实现虚拟名片或数字相片等数据交换。

(2) 读/写模式:在这种模式下,NFC 设备作为非接触读/写器使用。例如,支持 NFC 功能的手机在与标签交互时扮演读/写器的角色,开启 NFC 功能的手机可以读/写支持 NFC 数据格式标准的标签。

(3) 模拟卡片模式:这种模式就是将具有 NFC 功能的设备模拟成一张标签或非接触卡。例如,支持 NFC 功能的手机可以作为门禁卡、银行卡等而被读取。

5. 拓展任务

完成如图 5-43 所示 NFC 控制小车装置的设计与制作,并使用 Arduino Uno 开发板编程实现 NFC 模块对 NFC 标签的控制。

图 5-43　任务 5-6 拓展训练

6. 工作评价

6.1 考核评价

项目	考核内容		考核评分		
	内　　容		配分	得分	批注
工作准备 (30%)	能够正确理解工作任务 5-6 的内容、范围及工作指令		10		
	能够查阅和理解技术手册,确认 NFC 识别技术标准及要求		5		
	使用个人防护用品或衣着适当,能正确使用防护用品		5		
	准备工作场地及器材,能够识别工作场地的安全隐患		5		
	确认设备及工具、量具,检查其是否安全及能否正常工作		5		

续表

项目	考核内容		考核评分		
	内　容		配分	得分	批注
实施 程序 (50%)	正确辨识工作任务所需的 Arduino Uno 开发板、NFC 读/写模块		10		
	正确检查 Arduino Uno 开发板、NFC 读/写模块有无损坏或异常		10		
	正确选择 USB 数据线和杜邦线		10		
	正确选用工具进行规范操作，完成装置安装、调试和维护		10		
	安全无事故并在规定时间内完成任务		10		
完工 清理 (20%)	收集和储存可以再利用的原材料、余料		5		
	按照维护工作程序，清洁垃圾、清洁和整理工作区域		5		
	对开发板、NFC 读/写模块、工具及设备进行清洁		5		
	按照工作程序，填写完成作业单		5		
考核 评语	考核人员：　　　　　　日期：　　　年　月　日		考核 成绩		

6.2　导师评价

评价项目	评价内容	评价成绩	备注
工作准备	任务领会、资讯查询、器材准备	□A □B □C □D □E	
知识储备	系统认知、原理分析、技术参数	□A □B □C □D □E	
计划决策	任务分析、任务流程、实施方案	□A □B □C □D □E	
任务实施	专业能力、沟通能力、实施结果	□A □B □C □D □E	
职业道德	纪律素养、安全卫生、器材维护	□A □B □C □D □E	
其他评价			
教师签字		日期：　　　年　月　日	

注：在选项"□"里打"√"，其中 A：90～100 分；B：80～89 分；C：70～79 分；D：60～69 分；E：不合格。

项目小结

本项目介绍了 Arduino 常用无线识别模块，如声控、激光、超声波、红外、RFID、NFC 元器件的应用。重点介绍了使用 Arduino Uno 开发板调用这些无线识别模块的硬件电路设计、程序编码以及调试运行方式。

项目要点：熟练掌握声控、激光、超声波、红外、RFID、NFC 遥控通信模块的使用方法，熟练掌握 Arduino Uno 开发板应用这些模块的电路设计和程序设计方法与技巧。

项目评价

在本项目教学和实施过程中，教师和学生可以根据以下项目考核评价表对各项任务进行考核评价。考核主要针对学生在技术知识、任务实施（技能情况）、拓展任务（实战训练）的掌握程度和完成效果进行评价。

评价内容	评价标准									
	技术知识		任务实施		拓展任务		完成效果		总体评价	
	个人评价	教师评价	个人评价	教师评价	个人评价	教师评价	个人评价	教师评价	个人评价	教师评价
任务 5-1										
任务 5-2										
任务 5-3										
任务 5-4										
任务 5-5										
任务 5-6										
存在问题与解决办法（应对策略）										
学习心得与体会分享										

实训与讨论

一、实训题

1. 使用激光发射模块、激光接收模块和 OLED 模块设计制作一个入侵检测自动识别装置。
2. 使用声音识别模块和超声波识别模块设计制作一个家居无线智能识别控制装置。

二、讨论题

1. 举几个自己遇到的无线识别装置设计应用实例，并说明它们的用途。
2. 目前主流的无线识别传感器有哪些？

项 目 6

生物传感器装置的设计与制作

知识目标

- ◆ 认识生物识别装置的设计与制作方法。
- ◆ 了解 Arduino Uno 开发板控制生物识别装置的原理和设计方式。
- ◆ 掌握体感识别、颜色识别、手势识别等生物识别程序设计和代码实现。

技能目标

- ◆ 懂使用 Arduino Uno 开发板实现生物识别装置的电路设计与制作方法。
- ◆ 会编写 Arduino 程序实现对体感识别、颜色识别、手势识别等生物识别模块的控制。
- ◆ 能独立完成体感识别、颜色识别、手势识别等生物识别装置的设计与制作。

素质目标

- ◆ 具备生物识别装置应用的安全意识和技术素养。
- ◆ 具有不断探究的探索精神。
- ◆ 养成良好的项目制作习惯。

工作任务

- ◆ 任务 6-1 体感识别装置的设计与制作
- ◆ 任务 6-2 颜色识别装置的设计与制作
- ◆ 任务 6-3 手势识别装置的设计与制作

任务6-1 体感识别装置的设计与制作

1. 工作任务

【任务目标】

使用 Arduino Uno 开发板和人体红外感应模块编程实现一个人体感应装置,如图 6-1 所示。

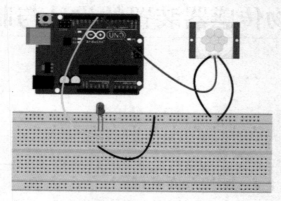

图 6-1 任务 6-1 任务目标

【任务描述】

本任务使用 Arduino Uno 开发板和人体红外感应模块编程实现一个人体感应灯控装置,用于提示接近铁路线路的人员,预防事故的发生。

【任务分析】

人体红外感应模块的使用非常简单,只需要将模块的 3 个引脚连接到 Arduino Uno 开发板的 5V 引脚、数字引脚和 GND 引脚即可。

2. 任务资料

2.1 认识人体红外感应开关

人体红外感应开关又叫热释人体感应开关或红外智能开关(图 6-2)。它是基于红外线技术的自动控制产品,当人进入感应范围时,专用传感器探测到人体红外光谱的变化,自动接通负载,人不离开感应范围,将持续接通;人离开后,延时自动关闭负载。

人体红外感应开关的主要器件为人体热释电红外传感器。人体都有恒定的体温,一般在 36~37℃,所以会发出特定波长的红外线,被动式红外探头就是探测人体发射的红外线而进行工作的。人体发射的 9.5μm 红外线通过菲涅尔镜片增强聚集到红外感应源上,红外感应源通常采用热释电元件,这种元件在接收到人体红外辐射温度发生变化时就会失去电荷平衡,向外释放电荷,后续电路经检测处理后触发开关动作。

2.2 认识人体红外感应模块 HC-SR501

人体红外感应模块 HC-SR501 是一款基于热释电效应的人体热释运动传感器,能检测到人体或者动物发出的红外线,如图 6-3 所示。这个传感器模块可以通过两个旋钮调节检测范围(3～7m)和延迟时间(5s～5min),还可以通过跳线选择单次触发和重复触发模式。

图 6-2　人体红外感应开关

图 6-3　人体红外感应模块 HC-SR501(1)

人体红外感应模块 HC-SR501 的引脚及旋钮调节功能如表 6-1 所示。

表 6-1　人体红外感应模块 HC-SR501 的引脚及旋钮调节功能

引脚和旋钮	功　　能
时间延迟调节	用于调节在检测到物体移动后,维持高电平输出的时间,可以调节范围为 5s～5min
感应距离调节	用于调节检测范围,可调节范围 3～7m
检测模式条件	可选择单次检测模式和连续检测模式
GND	接地引脚
V_{CC}	接电源引脚
输出引脚	没有检测到移动为低电平,检测到移动输出高电平

3. 工作实施

3.1　材料准备

本次任务所需电子元器件及材料清单如表 6-2 所示。

表 6-2　任务 6-1 所需电子元器件及材料清单

序号	元器件名称	规　　格	数量
1	开发板	Arduino Uno	1个
2	数据线	USB	1条
3	面包板	MB-102	1个
4	人体红外感应模块	HC-SR501	1个
5	跳线	引脚	若干

3.2　安全事项

(1) 作业前请检查是否穿戴好防护装备(护目镜、防静电手套等)。
(2) 检查电源及设备材料是否齐备、安全可靠。

（3）检查开发板、人体红外感应模块有无损坏或异常。
（4）作业时要注意摆放好设备材料，避免伤人或造成设备材料损伤。

3.3 任务实施

第 1 步：完成 Arduino Uno 开发板及其他电子元器件的硬件连接，如图 6-4 所示。

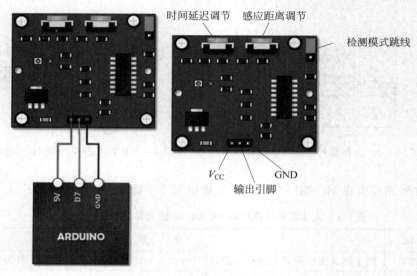

图 6-4　任务 6-1 电路设计

第 2 步：创建 Arduino 程序"demo_6_1"。程序代码如下。

```
int ledPin = 13;
int pirPin = 7;
int pirValue;
int sec = 0;
void setup(){
    pinMode(ledPin, OUTPUT);
    pinMode(pirPin, INPUT);
    digitalWrite(ledPin, LOW);
    Serial.begin(9600);
}
void loop(){
    pirValue = digitalRead(pirPin);
    digitalWrite(ledPin, pirValue);
    // 以下可以观察传感器输出状态
    sec += 1;
    Serial.print("Second: ");
    Serial.print(sec);
    Serial.print("PIR value: ");
    Serial.print(pirValue);
    Serial.print('\n'); delay(1000);
}
```

第 3 步：编译并上传程序至开发板，运行效果如图 6-5 所示。

项目6 生物传感器装置的设计与制作　203

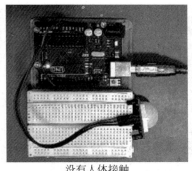
没有人体接触

有人体接触

图 6-5　任务 6-1 运行效果

4. 技术知识

4.1　热释电红外传感器

热释电红外传感器是一种可以检测人或动物发射的红外线而输出电信号的传感器。早在 1938 年,有人提出利用热释电效应探测红外辐射,但并未受到重视,直到 20 世纪 60 年代,随着激光、红外技术的迅速发展,才又推动了人们对热释电效应的研究和对热释电晶体的应用。热释电晶体广泛应用于红外光谱仪、红外遥感以及热辐射探测器。它可以作为红外激光的一种较理想的探测器,目前正在被广泛地应用到各种自动化控制装置中,除了在我们熟知的楼道自动开关、防盗报警上得到应用外,在更多的领域应用前景看好。例如,在房间无人时会自动停机的空调机、饮水机;电视机能判断无人观看或观众已经睡觉后自动关机等。

4.2　热释电传感器的基本原理

热释电效应是指由于温度的变化而引起晶体表面电荷发生变化的现象。热释电传感器是对温度敏感的传感器,它由陶瓷氧化物或压电晶体元件组成。在元件两个表面做成电极,在传感器监测范围内温度有 ΔT 的变化时,热释电效应会在两个电极上产生电荷 ΔQ,即在两电极之间产生一个微弱的电压 ΔV。由于它的输出阻抗极高,所以在传感器中由一个场效应晶体管进行阻抗变换。热释电效应所产生的电荷 ΔQ 会与空气中的离子结合而消失,即当环境温度稳定不变时,$\Delta T=0$,则传感器无输出。当人体进入检测区,因人体温度与环境温度有差别,产生 ΔT,则有 ΔT 输出;若人体进入检测区后不动,则温度没有变化,传感器也没有输出。所以这种传感器能检测人体或者动物的活动。实验证明,传感器不加光学透镜(也称菲涅尔透镜),其检测距离小于 2m;加上光学透镜后,其检测距离可大于 7m。

4.3　人体红外感应模块 HC-SR501

HC-SR501 是基于红外线技术的自动控制模块(图 6-6),采用德国原装进口 LHI778 探头设计,灵敏度高,可靠性强,超低电压工作模式,广泛应用于各类自动感应电器设备,尤其是干电池供电的自动控制产品。

4.4　人体红外感应模块 HC-SR501 的结构及功能特点

人体红外感应模块 HC-SR501 的结构如图 6-7 所示。
人体红外感应模块 HC-SR501 功能特点如下。

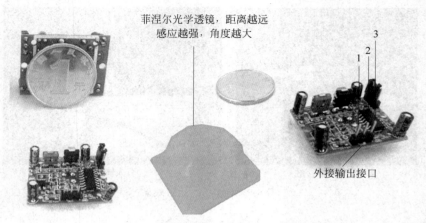

图 6-6　人体红外感应模块 HC-SR501(2)

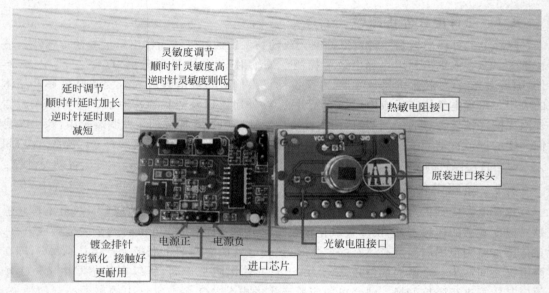

图 6-7　人体红外感应模块 HC-SR501 的结构

(1) 全自动感应：当有人进入其感应范围时，输入高电平；当人离开感应范围时，自动延时关闭高电平，输出低电平。

(2) 光敏控制(可选)：模块预留有位置，可设置光敏控制，白天或光线强时不感应。光敏控制为可选功能，出厂时未安装光敏电阻。如果需要，可自行购买光敏电阻安装。

(3) 两种触发方式：L 不可重复，H 可重复。可跳线选择，默认为 H。

方式 A(不可重复触发方式)：即感应输出高电平后，延时时间一结束，输出将自动从高电平变为低电平。

方式 B(可重复触发方式)：即感应输出高电平后，在延时时间段内，如果有人体在其感应范围内活动，其输出将一直保持高电平，直到人离开后才延时将高电平变为低电平(感应模块检测到人体的每一次活动后会自动顺延一个延时时间段，并且以最后一次活动的时间为延时时间的起始点)。

（4）具有感应封锁时间（默认设置 3~4s）：感应模块在每一次感应输出后（高电平变为低电平），可以紧跟着设置一个封锁时间，在此时间段内感应器不接收任何感应信号。此功能可以实现（感应输出时间和封锁时间）两者的间隔工作，可应用于间隔探测产品；同时此功能可有效抑制负载切换过程中产生的各种干扰。

（5）工作电压范围宽：默认工作电压 DC 5~20V。

（6）微功耗：静态电流 $65\mu A$，特别适合干电池供电的电器产品。

（7）输出高电平信号：可方便与各类电路实现对接。

5. 拓展任务

完成如图 6-8 所示红外体感装置的设计与制作，并使用 Arduino Uno 开发板和 HC-SR501 模块编程实现对继电器灯控电路的控制。

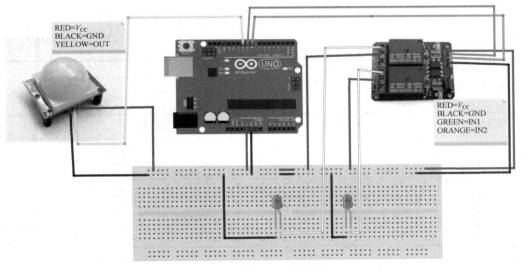

图 6-8　任务 6-1 拓展训练

6. 工作评价

6.1　考核评价

项目	考核内容		考核评分		
	内　容	配分	得分	批注
工作准备（30%）	能够正确理解工作任务 6-1 的内容、范围及工作指令	10		
	能够查阅和理解技术手册，确认人体红外感应模块的技术标准及要求	5		
	使用个人防护用品或衣着适当，能正确使用防护用品	5		
	准备工作场地及器材，能够识别工作场地的安全隐患	5		
	确认设备及工具、量具，检查其是否安全及能否正常工作	5		

续表

项目	考核内容		考核评分		
	内 容	配分	得分	批注	
实施程序（50%）	正确辨识工作任务所需的 Arduino Uno 开发板、人体红外感应模块	10			
	正确检查 Arduino Uno 开发板、人体红外感应模块有无损坏或异常	10			
	正确选择 USB 数据线和跳线	10			
	正确选用工具进行规范操作，完成装置安装、调试和维护	10			
	安全无事故并在规定时间内完成任务	10			
完工清理（20%）	收集和储存可以再利用的原材料、余料	5			
	按照维护工作程序，清洁垃圾、清洁和整理工作区域	5			
	对开发板、人体红外感应模块、工具及设备进行清洁	5			
	按照工作程序，填写完成作业单	5			
考核评语		考核成绩			
	考核人员： 日期： 年 月 日				

6.2 导师评价

评价项目	评价内容	评价成绩	备注
工作准备	任务领会、资讯查询、器材准备	□A □B □C □D □E	
知识储备	系统认知、原理分析、技术参数	□A □B □C □D □E	
计划决策	任务分析、任务流程、实施方案	□A □B □C □D □E	
任务实施	专业能力、沟通能力、实施结果	□A □B □C □D □E	
职业道德	纪律素养、安全卫生、器材维护	□A □B □C □D □E	
其他评价			
教师签字：		日期： 年 月 日	

注：在选项"□"里打"√"，其中 A：90～100 分；B：80～89 分；C：70～79 分；D：60～69 分；E：不合格。

任务 6-2　颜色识别装置的设计与制作

1. 工作任务

【任务目标】
使用 Arduino Uno 开发板和颜色识别模块编程实现颜色识别装置的设计与制作。

【任务描述】
本任务使用的颜色传感器为 TCS3200D。它有四种滤波器类型：红、绿、蓝和清除全部光信息。其原理是当入射光投射到传感器上时，通过光电二极管控制引脚的电平组合，选通不同的滤波器输出不同频率的方波（不同的颜色和光强对应不同频率的方波），以此识别颜色，如图 6-9 所示。

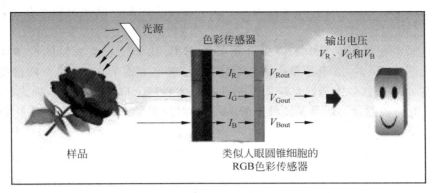

图 6-9　颜色识别原理

在轨道交通领域中,轨道交通色灯信号机基本采用灯光颜色特征和灯光数目特征组合的显示方式,个别情况下采用闪光特征,并以信号机的外形辅助区别一些特定的含义。视觉基本颜色是:红色(停车)、黄色(注意或减速)、绿色(按规定速度行驶)、月白色(准许调车,或与红灯组合作为引导信号)。信号的显示有较明确的速度含义:绿、绿黄、黄、红四种显示明确表达了始端和终端速度,其速度分为三级:160km/h、115km/h、0km/h。

本任务将使用 Arduino Uno 开发板和颜色传感器 TCS3200D 设计制作一个颜色识别装置。该颜色识别装置可以应用于提示司机行车速度。

【任务分析】

TCS3200D 的引脚接线如图 6-10 所示。

端口	Arduino引脚
LED	3.3V
OUT	D2
S3	D3
S2	D4
S1	D5
S0	D6
GND	GND
V_{CC}	5V

图 6-10　TCS3200D 引脚接线

本任务使用的颜色传感器 TCS3200D 对红、绿、蓝三种颜色的敏感度是不相同的,使用前应先进行白平衡调整:①将白色的纸放置在传感器的上方1cm处,给 LED 端口接入高电平,使四个高亮白色 LED 发光;②程序依次选通 R、G、B 滤波器,分别测得红色、绿色和蓝色的值;③计算出需要的三个调整参数,并自动调整白平衡。

2. 任务资料

2.1　认识颜色传感器

颜色传感器又叫颜色识别传感器或色彩传感器,它是将物体颜色同已经示教过的参考颜色进行比较来检测颜色的传感器。当两个颜色在一定的误差范围内相吻合时，则输出检测结果。

颜色传感器在终端设备中起着极其重要的作用，比如色彩监视器的校准装置，彩色打印机和绘图仪，涂料、纺织品和化妆品制造，以及医疗方面的应用，如血液诊断、尿样分析和牙齿整形等。色彩传感器系统的复杂性在很大程度上取决于其用于确定色彩的波长谱带或信号通道的数量。此类系统种类繁多，从相对简单的三通道色度计到多频带频谱仪不一而足。

2.2 认识颜色传感器 TCS3200 模块

颜色传感器 TCS3200 模块是 TAOS(Texas Advanced Optoelectronic Solutions)公司推出的可编程彩色光-频率转换器。它把可配置的硅光电二极管与电流频率转换器集成在一个单一的 CMOS 电路上，同时在单一芯片上还集成了红、绿、蓝（RGB）三种滤光器，是业界第一个有数字兼容接口的 RGB 彩色传感器。TCS3200D 的输出信号是数字量，可以驱动标准的 TTL 或 CMOS 逻辑输入，因此可直接与微处理器或其他逻辑电路相连接。由于输出的是数字量，并且能够实现每个彩色信道 10 位以上的转换精度，因此不再需要 A/D 转换电路，使电路变得更简单。该颜色传感器主要用于尿液分析仪、生化分析仪、验钞机等需要检测颜色的产品上。

3. 工作实施

3.1 材料准备

本次任务所需电子元器件及材料清单如表 6-3 所示。

表 6-3 任务 6-2 所需电子元器件及材料清单

序号	元器件名称	规　　格	数量
1	开发板	Arduino Uno	1个
2	数据线	USB	1条
3	面包板	MB-102	1个
4	颜色传感器模块	TCS3200D	1个
5	杜邦线	公对母	若干

3.2 安全事项

（1）作业前请检查是否穿戴好防护装备（护目镜、防静电手套等）。
（2）检查电源及设备材料是否齐备、安全可靠。
（3）检查开发板、颜色传感器 TCS3200D 模块有无损坏或异常。
（4）作业时要注意摆放好设备材料，避免伤人或造成设备材料损伤。

3.3 任务实施

第 1 步：完成 Arduino Uno 开发板与颜色传感器 TCS3200D 模块的硬件连接，如图 6-11 所示。

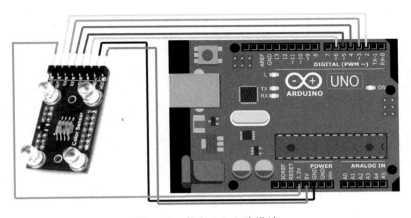

图 6-11　任务 6-2 电路设计

第 2 步：创建 Arduino 程序"demo_6_2"。程序代码如下。

```
#include <TimerOne.h>
#define S0    6
#define S1    5
#define S2    4
#define S3    3
#define OUT   2
int g_count = 0;
int g_array[3];
int g_flag = 0;
float g_SF[3];
void TSC_Init()
{
  pinMode(S0, OUTPUT);
  pinMode(S1, OUTPUT);
  pinMode(S2, OUTPUT);
  pinMode(S3, OUTPUT);
  pinMode(OUT, INPUT);
  digitalWrite(S0, LOW);
  digitalWrite(S1, HIGH);
}
void TSC_FilterColor(int Level01, int Level02)
{
  if(Level01 != 0)
    Level01 = HIGH;
  if(Level02 != 0)
    Level02 = HIGH;
  digitalWrite(S2, Level01);
  digitalWrite(S3, Level02);
}
void TSC_Count()
{
  g_count ++;
}
```

```
void TSC_Callback()
{
  switch(g_flag)
  {
    case 0:
      Serial.println(" -> WB Start");
      TSC_WB(LOW, LOW);
      break;
    case 1:
      Serial.print(" -> Frequency R = ");
      Serial.println(g_count);
      g_array[0] = g_count;
      TSC_WB(HIGH, HIGH);
      break;
    case 2:
      Serial.print(" -> Frequency G = ");
      Serial.println(g_count);
      g_array[1] = g_count;
      TSC_WB(LOW, HIGH);
      break;
    case 3:
      Serial.print(" -> Frequency B = ");
      Serial.println(g_count);
      Serial.println(" -> WB End");
      g_array[2] = g_count;
      TSC_WB(HIGH, LOW);
      break;
    default:
      g_count = 0;
      break;
  }
}
void TSC_WB(int Level0, int Level1)
{
  g_count = 0;
  g_flag ++;
  TSC_FilterColor(Level0, Level1);
  Timer1.setPeriod(1000000);
}
void setup()
{
  TSC_Init();
  Serial.begin(9600);
  Timer1.initialize();
  Timer1.attachInterrupt(TSC_Callback);
  attachInterrupt(0, TSC_Count, RISING);
  delay(4000);
  for(int i = 0; i < 3; i++)
  Serial.println(g_array[i]);
  g_SF[0] = 255.0/ g_array[0];
  g_SF[1] = 255.0/ g_array[1] ;
```

```
    g_SF[2] = 255.0/ g_array[2] ;
    Serial.println(g_SF[0]);
    Serial.println(g_SF[1]);
    Serial.println(g_SF[2]);
}
void loop()
{
    g_flag = 0;
    for(int i = 0; i < 3; i++)
    Serial.println(int(g_array[i] * g_SF[i]));
    delay(4000);
}
```

第3步：编译并上传程序至开发板，运行效果如图6-12所示。

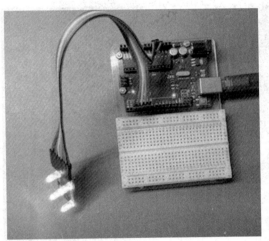

图6-12　任务6-2运行效果

运行操作：①将程序上传至开发板；②打开串口监视器；③将白纸放置在传感器4个高亮白色LED一面（以下简称正面）的上方1cm处，等待2s以上（等待传感器调整白平衡）；④调整结束以后，把传感器正面对着待测物体，串口监视器中输出对应的RGB数据。

4. 技术知识

TCS3200颜色传感器是一款全彩的颜色检测器，包括一块TAOS TCS3200RGB感应芯片和4个白色LED灯，TCS3200能在一定的范围内检测和测量大部分的可见光。TCS3200有大量的光检测器，每个都有红、绿、蓝和清除4种滤光器。每6种颜色滤光器均匀地按数组分布来清除颜色中偏移位置的颜色分量。内置的振荡器能输出方波，其频率与所选择的光的强度呈比例关系。

产品参数如下。
- 工作电压：2.7～5.5V。
- 接口：TTL数字接口。
- 光强度的高精度分辨率转换成频率。

- 可编程颜色和全面的输出频率。
- 电源中断特征。
- 直接和微控制器交互。
- 尺寸:28.4mm×28.4mm。
- 产品应用:溶液颜色检测、色彩识别仪。

5. 拓展任务

基于 Arduino 和颜色传感器制作一个小型颜色分类选择器装置,如图 6-13 所示。要求使用 Arduino Uno 开发板、TCS3200 颜色传感器、电动机驱动器、齿轮式步进电动机和小型伺服电动机等元器件。

硬件组件:
- Arduino Uno R3×1
- TCS3200颜色传感器×1
- 电动机驱动器L293D×1
- 齿轮式步进电动机×1
- SG90小型伺服电动机×1

图 6-13 任务 6-2 拓展训练

6. 工作评价

6.1 考核评价

项目	考核内容		考核评分		
	内容		配分	得分	批注
工作准备 (30%)	能够正确理解工作任务 6-2 的内容、范围及工作指令		10		
	能够查阅和理解技术手册,确认颜色传感器技术标准及要求		5		
	使用个人防护用品或衣着适当,能正确使用防护用品		5		
	准备工作场地及器材,能够识别工作场地的安全隐患		5		
	确认设备及工具、量具,检查其是否安全及能否正常工作		5		
实施程序 (50%)	正确辨识工作任务所需的 Arduino Uno 开发板、颜色传感器模块		10		
	正确检查 Arduino Uno 开发板、颜色传感器模块有无损坏或异常		10		
	正确选择 USB 数据线和杜邦线		10		
	正确选用工具进行规范操作,完成装置安装、调试和维护		10		
	安全无事故并在规定时间内完成任务		10		

续表

项目	考核内容		考核评分		
	内容		配分	得分	批注
完工清理（20%）	收集和储存可以再利用的原材料、余料		5		
	按照维护工作程序，清洁垃圾、清洁和整理工作区域		5		
	对开发板、颜色传感器模块、工具及设备进行清洁		5		
	按照工作程序，填写完成作业单		5		
考核评语			考核成绩		
	考核人员： 日期： 年 月 日				

6.2 导师评价

评价项目	评价内容	评价成绩	备注
工作准备	任务领会、资讯查询、器材准备	□A □B □C □D □E	
知识储备	系统认知、原理分析、技术参数	□A □B □C □D □E	
计划决策	任务分析、任务流程、实施方案	□A □B □C □D □E	
任务实施	专业能力、沟通能力、实施结果	□A □B □C □D □E	
职业道德	纪律素养、安全卫生、器材维护	□A □B □C □D □E	
其他评价			
教师签字：		日期： 年 月 日	

注：在选项"□"里打"√"，其中 A：90～100 分；B：80～89 分；C：70～79 分；D：60～69 分；E：不合格。

任务 6-3　手势识别装置的设计与制作

1. 工作任务

【任务目标】

使用 Arduino Uno 开发板和手势识别模块编程控制手势识别装置。

【任务描述】

手势识别传感器是一款集 3D 手势识别和运动跟踪为一体的交互式传感器，传感器可以在有效范围内识别手指的顺时针/逆时针转动方向和手指的运动方向等。本任务通过编程实现识别装置的手势识别效果。

【任务分析】

手势识别模块的使用非常简单，只需要将模块的 SDA、SCL、V_{CC}、GND 4 个引脚连接到 Arduino Uno 开发板的数字引脚和 GND 引脚即可（图 6-14）。

功能引脚	I²C接口
V_{CC}	电源正极,可接入3.3V/5V供电
GND	电源地
SDA	I²C数据线
SCL	I²C时钟线
INT	中断输出引脚,可接I/O口

图 6-14　手势识别模块引脚接线

2. 任务资料

2.1 认识手势识别

在计算机科学中,手势识别是指通过数学算法识别人类手势。手势识别可以来自人的身体各部位的运动,一般是指脸部和手的运动。用户可以使用简单的手势控制设备或与设备交互,让计算机理解人类的行为。其核心技术为手势分割、手势分析以及手势识别。

手势识别使人们能够与机器进行"通信",并且无须任何机械设备即可自然交互。手势识别可以被视为计算机理解人体语言的方式,从而在机器和人之间搭建比原始文本用户界面甚至 GUI(图形用户界面)更丰富的桥梁。

2.2 认识手势识别模块 PAJ7620U2

手势识别模块 PAJ7620U2 是一种手势识别传感器模块,它将手势识别功能与通用 I²C 接口集成到单个芯片中,如图 6-15 所示。它可以识别 9 种手势类型,包括向上移动、向下移动、向左移动、向右移动、向前移动、向后移动、顺时针方向、逆时针方向、挥动。这些手势信息可以通过 I²C 总线简单访问。

图 6-15　手势识别模块 PAJ7620U2

3. 工作实施

3.1 材料准备

本次任务所需电子元器件及材料如表 6-4 所示。

表 6-4　任务 6-3 所需电子元器件及材料清单

序号	元器件名称	规　格	数量
1	开发板	Arduino Uno	1个
2	数据线	USB	1条
3	面包板	MB-102	1个
4	手势识别模块	PAJ7620U2	1个
5	跳线	引脚	若干

3.2 安全事项

(1) 作业前请检查是否穿戴好防护装备(护目镜、防静电手套等)。
(2) 检查电源及设备材料是否齐备、安全可靠。
(3) 检查开发板、手势识别模块有无损坏或异常。
(4) 作业时要注意摆放好设备材料,避免伤人或造成设备材料损伤。

3.3 任务实施

第1步:完成 Arduino Uno 开发板及其他电子元器件的硬件连接,如图 6-16 所示。

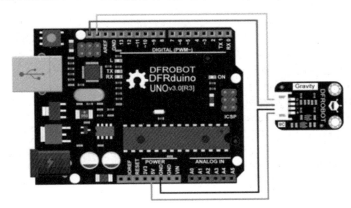

图 6-16 任务 6-3 电路设计

第2步:创建 Arduino 程序"demo_6_3"。程序代码如下。

```
#include <Wire.h>
#include "paj7620.h"
#define GES_REACTION_TIME 500
#define GES_ENTRY_TIME 800
#define GES_QUIT_TIME 1000
void setup(){
  uint8_t error = 0;
  Serial.begin(9600);
  Serial.println("\nPAJ7620U2 TEST DEMO: Recognize 9 gestures.");
  error = paj7620Init();
  if (error){
    Serial.print("INIT ERROR,CODE:");
    Serial.println(error);
  }else{
    Serial.println("INIT OK");
  }
  Serial.println("Please input your gestures:\n");
}
void loop(){
  uint8_t data = 0,
  data1 = 0, error;
  error = paj7620ReadReg(0x43, 1, &data);
  if (!error) {
```

```
switch (data) {
  case GES_RIGHT_FLAG:
    delay(GES_ENTRY_TIME);
    paj7620ReadReg(0x43, 1, &data);
    if(data == GES_FORWARD_FLAG){
      Serial.println("Forward");
      delay(GES_QUIT_TIME);}
    else if(data == GES_BACKWARD_FLAG){
      Serial.println("Backward");
      delay(GES_QUIT_TIME);
    }else{
      Serial.println("Right");}
    break;
  case GES_LEFT_FLAG:
    delay(GES_ENTRY_TIME);
    paj7620ReadReg(0x43, 1, &data);
    if(data == GES_FORWARD_FLAG){
      Serial.println("Forward");
      delay(GES_QUIT_TIME);
    }else if(data == GES_BACKWARD_FLAG){
      Serial.println("Backward");
      delay(GES_QUIT_TIME);
    }else{
      Serial.println("Left");}
    break;
  case GES_UP_FLAG:
    delay(GES_ENTRY_TIME);
    paj7620ReadReg(0x43, 1, &data);
    if(data == GES_FORWARD_FLAG){
      Serial.println("Forward");
      delay(GES_QUIT_TIME);
    }else if(data == GES_BACKWARD_FLAG){
      Serial.println("Backward");
      delay(GES_QUIT_TIME);
    }else{
      Serial.println("Up");}
    break;
  case GES_DOWN_FLAG:
    delay(GES_ENTRY_TIME);
    paj7620ReadReg(0x43, 1, &data);
    if(data == GES_FORWARD_FLAG){
      Serial.println("Forward");
      delay(GES_QUIT_TIME);
    }else if(data == GES_BACKWARD_FLAG){
      Serial.println("Backward");
      delay(GES_QUIT_TIME);
    }else{
      Serial.println("Down");}
    break;
  case GES_FORWARD_FLAG:
    Serial.println("Forward");
```

```
          delay(GES_QUIT_TIME);
          break;
        case GES_BACKWARD_FLAG:
          Serial.println("Backward");
          delay(GES_QUIT_TIME);
          break;
        case GES_CLOCKWISE_FLAG:
          Serial.println("Clockwise");
          break;
        case GES_COUNT_CLOCKWISE_FLAG:
          Serial.println("anti-clockwise");
          break;
        default:
          paj7620ReadReg(0x44, 1, &data1);
          if (data1 == GES_WAVE_FLAG){
             Serial.println("wave");}
          break;
      }}
   delay(100);
}
```

第 3 步：编译并上传程序至开发板，运行效果如图 6-17 所示。

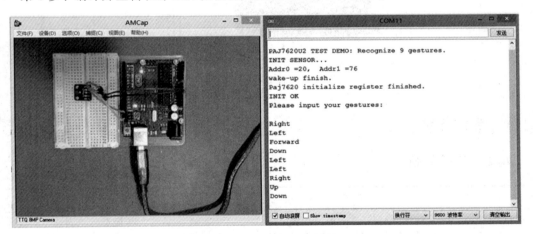

图 6-17　任务 6-3 运行效果

4. 技术知识

手势识别传感器模块 PAJ7260U2 是一个支持与 I^2C 协议通信的身体红外识别 IC。传感器可以应用于各类互动交互产品，试想一下，挥一挥手打开台灯，挥一挥手打开音乐的感觉是不是很奇妙。

手势识别传感器 PAJ7260U2 规格参数如下。

(1) 手势速度在正常模式下为 60°～600°/s，游戏模式下为 60°～1200°/s。

(2) 环境光：<100lx。

(3) 接口：I^2C，其速度高达 400kb/s。

(4) 内置接近检测传感器：PAJ7620U2。

(5) 电源：2.8～3.3V。

(6) 兼容 Xadow 界面。

5. 拓展任务

完成如图 6-18 所示手势识别装置的设计与制作，并使用 Arduino Uno 开发板编程实现对点阵的显示控制。

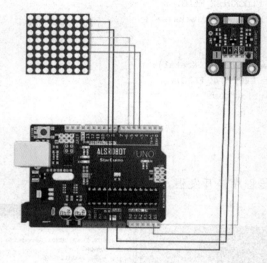

图 6-18　任务 6-3 拓展训练

6. 工作评价

6.1　考核评价

项目	考核内容		考核评分		
	内　容	配分	得分	批注	
工作准备（30%）	能够正确理解工作任务 6-3 的内容、范围及工作指令	10			
	能够查阅和理解技术手册，确认手势识别模块技术标准及要求	5			
	使用个人防护用品或衣着适当，能正确使用防护用品	5			
	准备工作场地及器材，能够识别工作场地的安全隐患	5			
	确认设备及工具、量具，检查其是否安全及能否正常工作	5			
实施程序（50%）	正确辨识工作任务所需的 Arduino Uno 开发板、手势识别模块	10			
	正确检查 Arduino Uno 开发板、手势识别模块有无损坏或异常	10			
	正确选择 USB 数据线和跳线	10			
	正确选用工具进行规范操作，完成装置安装、调试和维护	10			
	安全无事故并在规定时间内完成任务	10			

续表

项目	考核内容		考核评分	
	内 容	配分	得分	批注
完工清理(20%)	收集和储存可以再利用的原材料、余料	5		
	按照维护工作程序,清洁垃圾、清洁和整理工作区域	5		
	对开发板、手势识别模块PAJ7620U2、工具及设备进行清洁	5		
	按照工作程序,填写完成作业单	5		
考核评语		考核成绩		
	考核人员: 日期: 年 月 日			

6.2 导师评价

评价项目	评价内容	评价成绩	备注
工作准备	任务领会、资讯查询、器材准备	□A □B □C □D □E	
知识储备	系统认知、原理分析、技术参数	□A □B □C □D □E	
计划决策	任务分析、任务流程、实施方案	□A □B □C □D □E	
任务实施	专业能力、沟通能力、实施结果	□A □B □C □D □E	
职业道德	纪律素养、安全卫生、器材维护	□A □B □C □D □E	
其他评价			
教师签字:	日期: 年 月 日		

注:在选项"□"里打"√",其中 A:90～100分;B:80～89分;C:70～79分;D:60～69分;E:不合格。

项 目 小 结

本项目简要介绍了体感识别、颜色识别、手势识别等自动识别技术原理与应用。着重介绍了体感识别模块、颜色识别模块、手势识别模块等的硬件连接与应用及其程序设计与编码。

项目要点:熟练掌握体感识别模块、颜色识别模块、手势识别模块的使用。熟悉 Arduino Uno 开发板和体感识别、颜色识别、手势识别等模块连接和程序设计,了解体感识别模块、颜色识别模块、手势识别模块等自动识别装置的设计与制作。

项 目 评 价

在本项目教学和实施过程中,教师和学生可以根据以下项目考核评价表对各项任务进行考核评价。考核主要针对学生在技术知识、任务实施(技能情况)、拓展任务(实战训练)的掌握程度和完成效果进行评价。

评价内容	评价标准									
	技术知识		任务实施		拓展任务		完成效果		总体评价	
	个人评价	教师评价	个人评价	教师评价	个人评价	教师评价	个人评价	教师评价	个人评价	教师评价
任务 6-1										
任务 6-2										
任务 6-3										
存在问题与解决办法（应对策略）										
学习心得与体会分享										

实训与讨论

一、实训题

1. 使用体感识别模块设计制作一个智能音乐盒。
2. 使用手势识别模块设计制作一个手势遥控器。

二、讨论题

1. 举几个自己遇到的生物识别技术应用实例，并说明它们的用途。
2. 目前主流的生物识别开发技术有哪些？

项目 7

遥控传感器装置的设计与制作

知识目标

- ◆ 认识红外、蓝牙、Wi-Fi等无线通信模块。
- ◆ 了解红外、蓝牙、Wi-Fi等模块的遥控工作原理。
- ◆ 掌握红外、蓝牙、Wi-Fi等模块的编程方法与技巧。

技能目标

- ◆ 懂红外、蓝牙、Wi-Fi等无线遥控模块的应用。
- ◆ 会编程使用红外、蓝牙、Wi-Fi等模块进行无线遥控或通信。
- ◆ 能用Arduino Uno开发板分别与红外、蓝牙、Wi-Fi等模块开发远程遥控装置。

素质目标

- ◆ 具备遥控识别装置应用的安全意识和素养。
- ◆ 具有"天马行空"式的创新精神。
- ◆ 养成良好的创新创业行为习惯。

工作任务

- ◆ 任务7-1 红外遥控装置的设计与制作
- ◆ 任务7-2 蓝牙遥控装置的设计与制作

任务 7-1　红外遥控装置的设计与制作

1. 工作任务

【任务目标】

使用 Arduino Uno 开发板编程实现无线红外遥控通信及解码控制。

【任务描述】

在日常生活中我们会接触到各式各样的遥控器,电视机、空调、机顶盒等都有专用的遥控器,很多智能手机也在软硬件上支持红外遥控,可以集中遥控大部分家用电器。

红外遥控主要由红外发射和红外接收两部分组成,如图 7-1 所示。红外发射和接收的信号其实都是一连串的二进制脉冲码,高、低电平按照一定的时间规律变换传递相应的信息。为了使其在无线传输过程中免受其他信号的干扰,通常将信号调制在特定的载波频率上,通过红外发射二极管发射出去,而红外接收端则要将信号进行解调处理,还原成二进制脉冲码。

图 7-1　红外接收器(左)和红外遥控器(右)

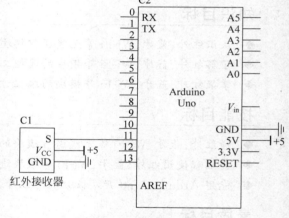

图 7-2　红外接收电路原理

【任务分析】

本次任务使用一个红外接收元件和一个红外遥控器,红外接收元件需要与 Arduino Uno 开发板连接,连接电路原理如图 7-2 所示。

2. 任务资料

2.1　认识红外接收器

红外接收器如图 7-3 所示。红外接收器有 3 个引脚,从左到右依次为 V_{OUT}、GND、V_{CC}。当按下红外遥控器按键发出红外载波信号后,红外接收器接收到信号,程序对载波信号进行解码,通过数据码的不同判断按下的是哪个键。

图 7-3　红外接收器

2.2 认识红外遥控器

红外遥控器就是将信号调制在特定的载波频率上,通过红外发射二极管将信号发射出去的一种无线控制装置,如图7-1所示。当红外遥控器工作时,使用者每按下一个控制键,控制器就会将控制键对应的二进制数据,以串行数据输出给信号保持电路,同时由调制电路进行信号调制,将调制信号放大后,由红外发射二极管进行发射,经过红外接收器接收解调,从而实现对该键对应设备功能的控制。

3. 工作实施

3.1 材料准备

本次任务所需电子元器件材料清单如表7-1所示。

表7-1 任务7-1所需电子元器件材料清单

序号	元器件名称	规格	数量
1	开发板	Arduino Uno	1个
2	数据线	USB	1条
3	面包板	MB-201	1个
4	红外接收器		1个
5	红外遥控器		1个
6	跳线	引脚	若干

3.2 安全事项

(1)作业前请检查是否穿戴好防护装备(护目镜、防静电手套等)。
(2)检查电源及设备材料是否齐备、安全可靠。
(3)检查开发板、红外接收器、红外遥控器有无损坏或异常。
(4)作业时要注意摆放好设备材料,避免伤人或造成设备材料损伤。

3.3 任务实施

第1步:使用Fritzing软件设计并绘制电路设计图,如图7-4所示。根据电路设计图,完成Arduino Uno开发板与其他电子元器件的硬件连接。

第2步:创建Arduino程序"demo_7_1"。程序代码如下。

```
#include <IRremote.h>
int RECV_PIN = 11;
int LED_PIN = 13;
IRrecv irrecv(RECV_PIN);
decode_results results;
void setup()
{
  Serial.begin(9600);
  irrecv.enableIRIn();
  pinMode(LED_PIN, OUTPUT);
  digitalWrite(LED_PIN, HIGH);
```

```
}
void loop() {
  if (irrecv.decode(&results)) {
    Serial.println(results.value, HEX);
    if (results.value == 0xFFA25D)                    //开灯
    {
      digitalWrite(LED_PIN, LOW);
    } else if (results.value == 0xFF629D)             //关灯
    {
      digitalWrite(LED_PIN, HIGH);
    }
    irrecv.resume();
  }
  delay(100);
}
```

第 3 步：编译并上传程序至开发板，查看运行效果，如图 7-5 所示。

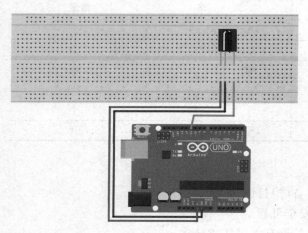

图 7-4 红外遥控接收电路设计

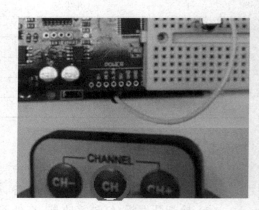

图 7-5 红外遥控运行效果

4. 技术知识

4.1 红外遥控器

红外遥控器如图 7-1 所示，总共有 21 个按键，每个按键编码如图 7-6 所示。

4.2 红外接收器

红外接收器如图 7-3 所示。红外遥控器发射的 38kHz 红外载波信号由遥控器里的编码芯片对其进行编码，具体编码方式和协议可在网上获取，这里不再展开。当按下遥控器按键时，遥控器发出红外载波信号，红外接收器接收到信号，程序对载波信号进行解码，通过数据码的不同判断按下的是哪个键。

5. 拓展任务

使用 Arduino Uno 开发板和红外遥控模块制作如图 7-7 所示的红外遥控 LED 装置。

项目7 遥控传感器装置的设计与制作

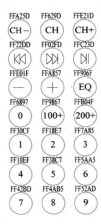

图 7-6 红外遥控器编码

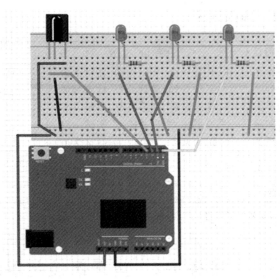

图 7-7 任务 7-1 拓展训练

6. 工作评价

6.1 考核评价

项目	考核内容		考核评分		
	内　　容	配分	得分	批注
工作准备 (30%)	能够正确理解工作任务 7-1 的内容、范围及工作指令	10		
	能够查阅和理解技术手册,确认红外接收头、红外遥控器技术标准及要求	5		
	使用个人防护用品或衣着适当,能正确使用防护用品	5		
	准备工作场地及器材,能够识别工作场地的安全隐患	5		
	确认设备及工具、量具,检查其是否安全及能否正常工作	5		
实施程序 (50%)	正确辨识工作任务所需的 Arduino Uno 开发板、红外接收器、红外遥控器	10		
	正确检查 Arduino Uno 开发板、红外接收器、红外遥控器有无损坏或异常	10		
	正确选择 USB 数据线和跳线	10		
	正确选用工具进行规范操作,完成装置安装、调试和维护	10		
	安全无事故并在规定时间内完成任务	10		
完工清理 (20%)	收集和储存可以再利用的原材料、余料	5		
	按照维护工作程序,清洁垃圾、清洁和整理工作区域	5		
	对开发板、红外接收头、红外遥控器、工具及设备进行清洁	5		
	按照工作程序,填写完成作业单	5		
考核评语	考核人员:　　　　　日期:　　　年　月　日	考核成绩		

6.2 导师评价

评价项目	评价内容	评价成绩	备注
工作准备	任务领会、资讯查询、器材准备	□A □B □C □D □E	
知识储备	系统认知、原理分析、技术参数	□A □B □C □D □E	
计划决策	任务分析、任务流程、实施方案	□A □B □C □D □E	
任务实施	专业能力、沟通能力、实施结果	□A □B □C □D □E	
职业道德	纪律素养、安全卫生、器材维护	□A □B □C □D □E	
其他评价			

教师签字： 日期： 年 月 日

注：在选项"□"里打"√"，其中 A：90～100 分；B：80～89 分；C：70～79 分；D：60～69 分；E：不合格。

任务 7-2　蓝牙遥控装置的设计与制作

1. 工作任务

【任务目标】

使用 Arduino Uno 开发板编程实现蓝牙遥控控制。

【任务描述】

蓝牙(bluetooth)是一种短距离无线连接通信技术，它可以将不同的电子设备通过无线通信的方式连接起来。其原理就好像收音机一样，装有蓝牙的电子设备，可以接收外来的信息，从而进行特定的指令。蓝牙不但可以接收数据，也可以传送数据，因此装有蓝牙的电子设备能够互相沟通。

蓝牙已成为目前智能手机及许多计算机设备经常使用的无线通信技术。本次任务将使用 Arduino Uno 开发板编程通过蓝牙模块 HC-05 实现与安卓智能手机之间的蓝牙通信，并实现安卓智能手机蓝牙对 Arduino Uno 开发板 LED 电路的无线控制。

【任务分析】

本次任务使用蓝牙模块 HC-05 实现与安卓智能手机的蓝牙通信，蓝牙遥控的电路原理如图 7-8 所示。其中蓝牙模块 HC-05 连接到 Arduino Uno 开发板上，其引脚 V_{CC} 和 GND 分别连接到 Arduino Uno 开发板中的 +5V 和 GND 引脚，引脚 TXD 和 RXD 分别连接到 Arduino Uno 开发板中的 RXD(D0) 和 TXD(D1)。

2. 任务资料

2.1 认识蓝牙技术

蓝牙技术是一种无线数据和语音通信开放的全球规范，它是基于低成本的近距离无线连接，为固定和移动设备建立通信环境的一种特殊的近距离无线技术连接。利用蓝牙技术，能够有效地简化移动通信终端设备之间的通信及设备与因特网之间的通信，从而使数据传输变得更加迅速高效，为无线通信拓宽道路。

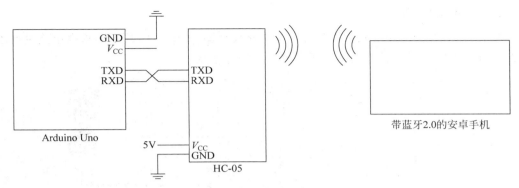

图 7-8 蓝牙控制电路原理

蓝牙技术是爱立信(Ericsson)公司、诺基亚(Nokia)公司、东芝(Toshiba)公司、国际商用机器公司(IBM)和英特尔(Intel)公司于 1998 年 5 月联合发布的一种无线通信技术。蓝牙设备是蓝牙技术应用的主要载体,常见蓝牙设备如笔记本电脑、手机等。蓝牙设备配有蓝牙模块,支持蓝牙无线电连接与软件应用。蓝牙设备连接必须在一定范围内进行配对,这种配对搜索称为短程临时网络模式,可以容纳设备最多不超过 8 台。蓝牙设备连接成功,主设备只有一台,从设备可以多台。

2.2 认识蓝牙模块 HC-05

蓝牙模块 HC-05 是一种集成了蓝牙功能的印制电路板,用于短距离无线通信,如图 7-9 所示。

图 7-9 蓝牙模块 HC-05

3. 工作实施

3.1 材料准备

本次任务所需电子元器件材料清单如表 7-2 所示。

表 7-2 任务 7-2 所需电子元器件材料清单

序号	元器件名称	规　格	数量
1	开发板	Arduino Uno	1 个
2	数据线	USB	1 条
3	面包板	MB-201	1 个
4	蓝牙模块	HC-05	1 个
5	跳线	引脚	若干

3.2 安全事项

(1) 作业前请检查是否穿戴好防护装备(护目镜、防静电手套等)。
(2) 检查电源及设备材料是否齐备、安全可靠。
(3) 检查开发板、蓝牙模块有无损坏或异常。
(4) 作业时要注意摆放好设备材料,避免伤人或造成设备材料损伤。

3.3 任务实施

第 1 步：使用 Fritzing 软件设计并绘制电路设计图，如图 7-10 所示。根据电路设计图，完成 Arduino Uno 开发板与其他电子元器件的硬件连接。

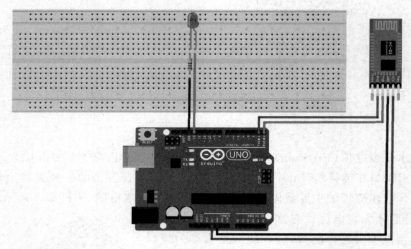

图 7-10 蓝牙遥控的电路设计

第 2 步：创建 Arduino 程序"demo_7_2"。程序代码如下。

```
char data = 0;
void setup()
{
  Serial.begin(9600);
  pinMode(13, OUTPUT);
}
void loop()
{
  if(Serial.available() > 0)
  {
    data = Serial.read();
    Serial.print(data);
    Serial.print("\n");
    if(data == '1')
    digitalWrite(13, HIGH);
    else if(data == '0')
    digitalWrite(13, LOW);
  }
}
```

第 3 步：编译并上传程序至开发板，查看运行效果，如图 7-11 所示。

注：在 Android Uno 上进行调试，需要下载蓝牙串口调试 App。下载安装完成 App 后，先打开手机的蓝牙设置，搜索并匹配好蓝牙模块，然后打开蓝牙串口调试 App，让 App 与蓝牙模块连接，然后在 App 中输入设置好的字符或字符串，就可以看到效果了。

图 7-11 蓝牙遥控的运行效果

4. 技术知识

4.1 蓝牙

蓝牙技术联盟(Bluetooth Special Interest Group)定义了多种蓝牙规范。
- HID：制定鼠标、键盘和游戏杆等人机接口设备所要遵循的规范。
- HFP：泛指用于行动设备、支持语音拨号和重拨等功能的免提听筒设备。
- A2DP：可传输 16 位、44.1kHz 取样频率的高质量立体声音乐，主要用于随身听和影音设备。
- SPP：用于取代有线串口的蓝牙设备规范。

4.2 蓝牙模块 HC-05

蓝牙模块 HC-05 是主从一体的蓝牙串口模块，简单来说，当蓝牙设备配对连接成功后，就可以忽视蓝牙内部的通信协议，直接将蓝牙当作串口使用。当建立连接后，两设备共同使用一个通道也就是同一个串口，一个设备发送数据到通道中，另外一个设备便可以接收通道中的数据。

5. 拓展任务

使用 Arduino Uno 开发板、蓝牙模块和 RGB 全彩 LED 灯制作蓝牙遥控 LED 装置，如图 7-12 所示。

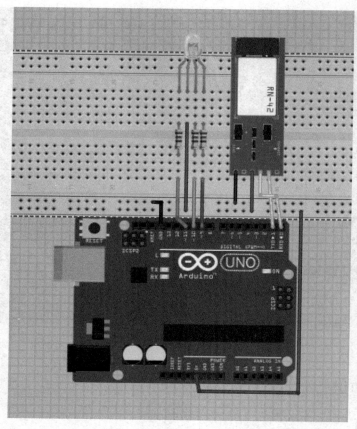

图 7-12　任务 7-2 拓展训练

6. 工作评价

6.1　考核评价

项目	考核内容		考核评分		
	内　容		配分	得分	批注
工作准备 （30%）	能够正确理解工作任务 7-2 的内容、范围及工作指令		10		
	能够查阅和理解技术手册，确认蓝牙模块技术标准及要求		5		
	使用个人防护用品或衣着适当，能正确使用防护用品		5		
	准备工作场地及器材，能够识别工作场地的安全隐患		5		
	确认设备及工具、量具，检查其是否安全及能否正常工作		5		
实施程序 （50%）	正确辨识工作任务所需的 Arduino Uno 开发板、蓝牙模块		10		
	正确检查 Arduino Uno 开发板、蓝牙模块有无损坏或异常		10		
	正确选择 USB 数据线和跳线		10		
	正确选用工具进行规范操作，完成装置安装、调试和维护		10		
	安全无事故并在规定时间内完成任务		10		

续表

项目	考 核 内 容		考 核 评 分		
	内　　容	配分	得分	批注	
完工清理(20%)	收集和储存可以再利用的原材料、余料	5			
	按照维护工作程序,清洁垃圾、清洁和整理工作区域	5			
	对开发板、蓝牙模块、工具及设备进行清洁	5			
	按照工作程序,填写完成作业单	5			
考核评语	考核人员:　　　　日期:　　　　年　月　日		考核成绩		

6.2 导师评价

评价项目	评价内容	评价成绩	备注
工作准备	任务领会、资讯查询、器材准备	□A □B □C □D □E	
知识储备	系统认知、原理分析、技术参数	□A □B □C □D □E	
计划决策	任务分析、任务流程、实施方案	□A □B □C □D □E	
任务实施	专业能力、沟通能力、实施结果	□A □B □C □D □E	
职业道德	纪律素养、安全卫生、器材维护	□A □B □C □D □E	
其他评价			
教师签字:		日期:　　　　年　月　日	

注:在选项"□"里打"√",其中 A:90～100 分;B:80～89 分;C:70～79 分;D:60～69 分;E:不合格。

项 目 小 结

本项目介绍了 Arduino 常用遥控通信模块,如红外、蓝牙等元器件的应用,并重点介绍了使用 Arduino Uno 开发板调用这些遥控通信模块的硬件电路设计、程序编码以及调试运行方式。

项目要点:熟练掌握红外、蓝牙等遥控通信模块的使用方法,熟练掌握 Arduino Uno 开发板应用这些模块的电路设计和程序设计的方法与技巧。

项 目 评 价

在本项目教学和实施过程中,教师和学生可以根据以下项目考核评价表对各项任务进行考核评价。考核主要针对学生在技术知识、任务实施(技能情况)、拓展任务(实战训练)的掌握程度和完成效果进行评价。

评价内容	评价标准									
	技术知识		任务实施		拓展任务		完成效果		总体评价	
	个人评价	教师评价	个人评价	教师评价	个人评价	教师评价	个人评价	教师评价	个人评价	教师评价
任务 7-1										
任务 7-2										
存在问题与解决办法（应对策略）										
学习心得与体会分享										

实训与讨论

一、实训题

1. 使用 Arduino Uno 开发板和红外遥控器作为控制器设计制作红外遥控智能小车。
2. 使用 Arduino Uno 开发板和蓝牙模块作为控制器设计制作蓝牙遥控智能小车。

二、讨论题

1. 比较红外遥控和蓝牙遥控的优缺点。
2. 目前主流的无线遥控通信技术有哪些？

参 考 文 献

[1] 陈吕洲. Arduino 程序设计基础[M]. 2 版. 北京：北京航空航天大学出版社, 2015.
[2] 樊胜民, 樊攀, 张淑慧. Arduino 编程与硬件实现[M]. 北京：化学工业出版社, 2020.
[3] 李永华, 曲明哲. Arduino 项目开发：物联网应用[M]. 2 版. 北京：清华大学出版社, 2019.
[4] 黄明吉, 陈平. Arduino 基础与应用[M]. 北京：北京航空航天大学出版社, 2019.
[5] 余静. Arduino 入门基础教程[M]. 北京：人民邮电出版社, 2018.
[6] 李兰英, 韩剑辉, 周昕. 基于 Arduino 的嵌入式系统入门与实践[M]. 北京：人民邮电出版社, 2020.
[7] 王伟旗. 自动识别技术及应用[M]. 北京：电子工业出版社, 2019.
[8] 曾晓宏, 易国键. 自动识别技术与应用[M]. 北京：高等教育出版社, 2014.
[9] 张金, 叶艾, 岳伟甲, 等. Arduino 程序设计与实践[M]. 北京：电子工业出版社, 2018.
[10] 赵桐正. Arduino 开源硬件设计及编程[M]. 北京：北京航空航天大学出版社, 2021.
[11] 李明亮. Arduino 项目DIY[M]. 北京：清华大学出版社, 2015.